力学原来这么有趣！

一本拿起就放不下的力学启蒙书

[日] 大井喜久夫、大井操、三轮广明、松浦博和 文　[日] 黑须高岭 绘
程亮 译　吴宝俊 审校

中国出版集团　现代出版社

人的力、水和风等大自然的力、蒸汽机和发动机的力、电和磁的力、与力密切相关的能量……各种各样的“力”就隐藏在日常生活中，尽管看不见摸不着，但它确实在日常生活的各个场合中发挥着作用。力能够被测量，而且有着固定的测量标准。在本书中，我们将逐一分析并学习每种具体的力。

前言

“力”是什么？

推拉的力、投掷的力、抬举的力、驱动汽车和飞机的力……大家都知道，我们身边存在各种各样的“力”，只是从来没有人见过力的样子。尽管力看不见也摸不着，但是它确实在日常生活的各个场合发挥着作用。在本书中，我们将逐一分析并学习每种具体的力。

首先是人的力。

在日常生活中，我们无时无刻不在施加各种力。例如，走路需要力，举起重物也需要力。在任何时候，力都是不可或缺的。

搬运重物时，使用手推车等工具会让人感觉更加轻松；徒手无论如何用力都打不开的瓶盖，使用开瓶器却能轻易撬开；拧螺丝时我们需要用到螺丝刀……为什么使用工具后就能发出很大的力呢？

还有，被高高击飞的棒球会掉在哪里？人游泳时为什么能够浮在水中？以自由泳或蛙泳的方式向前游动时，是什么样的力在起作用？

这些问题简直像十万个为什么，而这些问题正是我们需要首先思考的。

我们置身于大自然的怀抱中，天空中有风在吹，河里有水在流动，大海上波涛汹涌……在这些自然现象里，都有着巨大的力在起作用。人类正是不断了解了自然之力，并加以灵活利用，才能构建出如今丰富多彩的生活。

本书不仅列举出重力、风力、水力等自然之力，还会介绍距离地球无比遥远的广袤宇宙中的作用力。

人类发明了蒸汽机，还使用各种发动机和电机的机械，来代替我们完成工作。蒸汽机由

煤炭燃烧产生的水蒸气来驱动，发动机则以汽油、天然气等物质为燃料。它们都能发出人类自身无法企及的巨大力量，而通过电流使电机旋转，又能得到或大或小的力。

冲向宇宙的火箭、高空飞行的飞机、高铁动车、汽车、轮船……它们都是通过各自配备的发动机来发出力的。我们既可以乘坐高铁动车迅速抵达目的地，也可以悠闲地享受旅途，还能把大量货物运往全国各地。

力虽然看不见也摸不着，但是力能够测量，而且力的大小有着固定的测量标准。

此外，在我们的日常生活中，还隐藏着各种“力的定律”。前人经过呕心沥血的努力，发现了大量定律，创造出众多技术。因此熟练运用这些定律和技术也是相当重要的，这不仅能使我们的生活变得更加便利、更加丰富多彩，也有助于人类充分利用有限的能源。

希望本书能成为大家为此学习力学基础知识的一个契机。

作者

本书的使用方法

本书基于我们身边常见的力，分为“人的运动与力”、“风力和水力”、“乘坐载具所受的力”、“通过燃烧得到的力”、“电力和磁力”五章，另外在卷尾，添加了与力密切相关的“能量”和通过力来驱动的“载具对比”两章内容。

每个跨页会围绕一个关键字来进行讲解。

如有内容需要查阅，可以浏览目录，或者利用卷末的“索引”来查询。

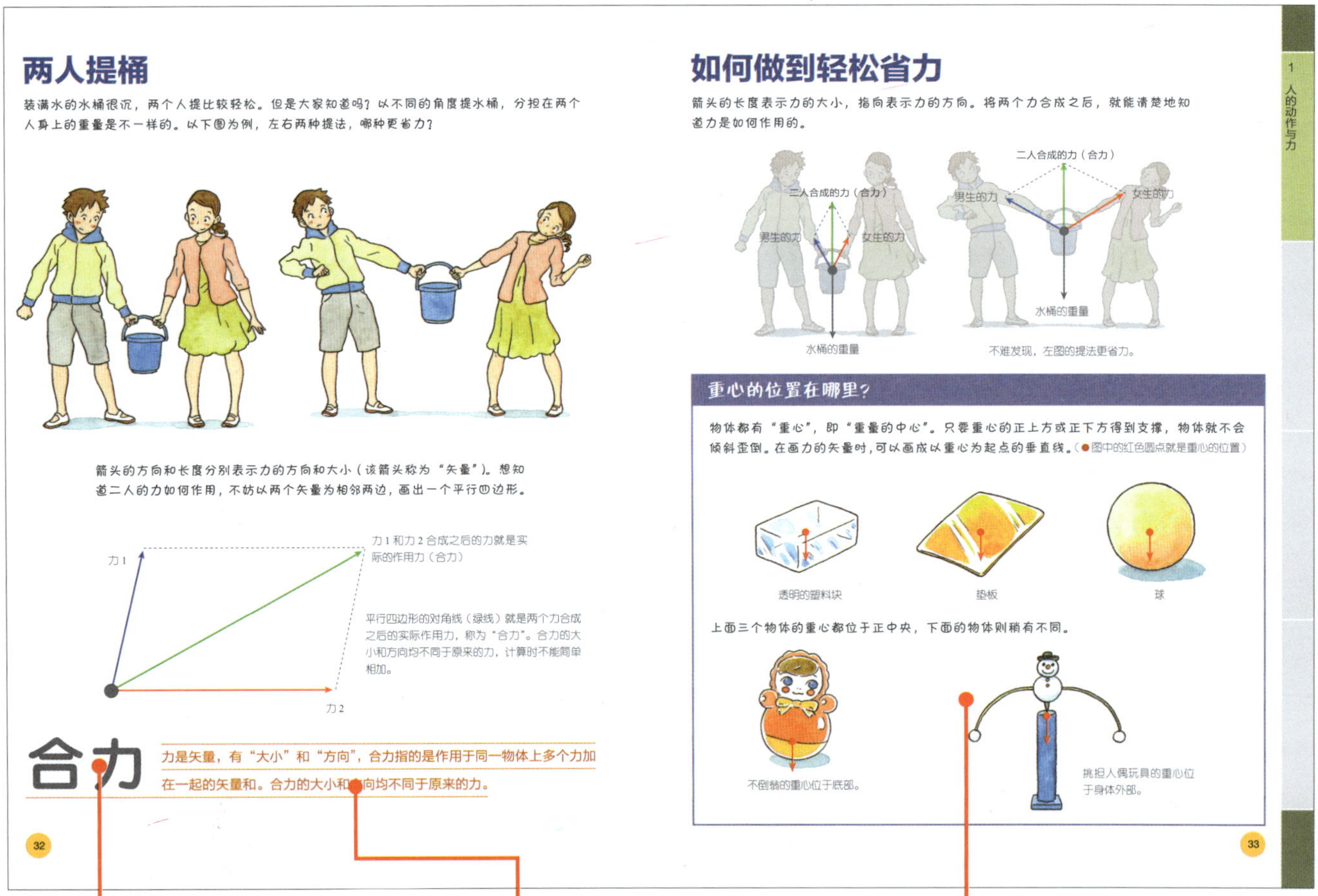

关键字

本页所介绍的知识点。

总结

根据本页介绍的知识点所做的相关总结。

小贴士

与本页所介绍的知识点密切相关、略作引申或补充的内容，以及应用、实验等相关内容，会在此处进行单独解说。

书中有多页边缘配有黄框的跨页，称为“专栏”。该页面会从其他角度介绍与每章所涉及的“力”有关的人物或小故事。

本书所使用的箭头标记，有些表示力的大小或种类，也有些表示方向。表示力的箭头一定是直线，而表示方向的箭头除直线外，还有用来表示旋转方向的曲线，例如本页图示。

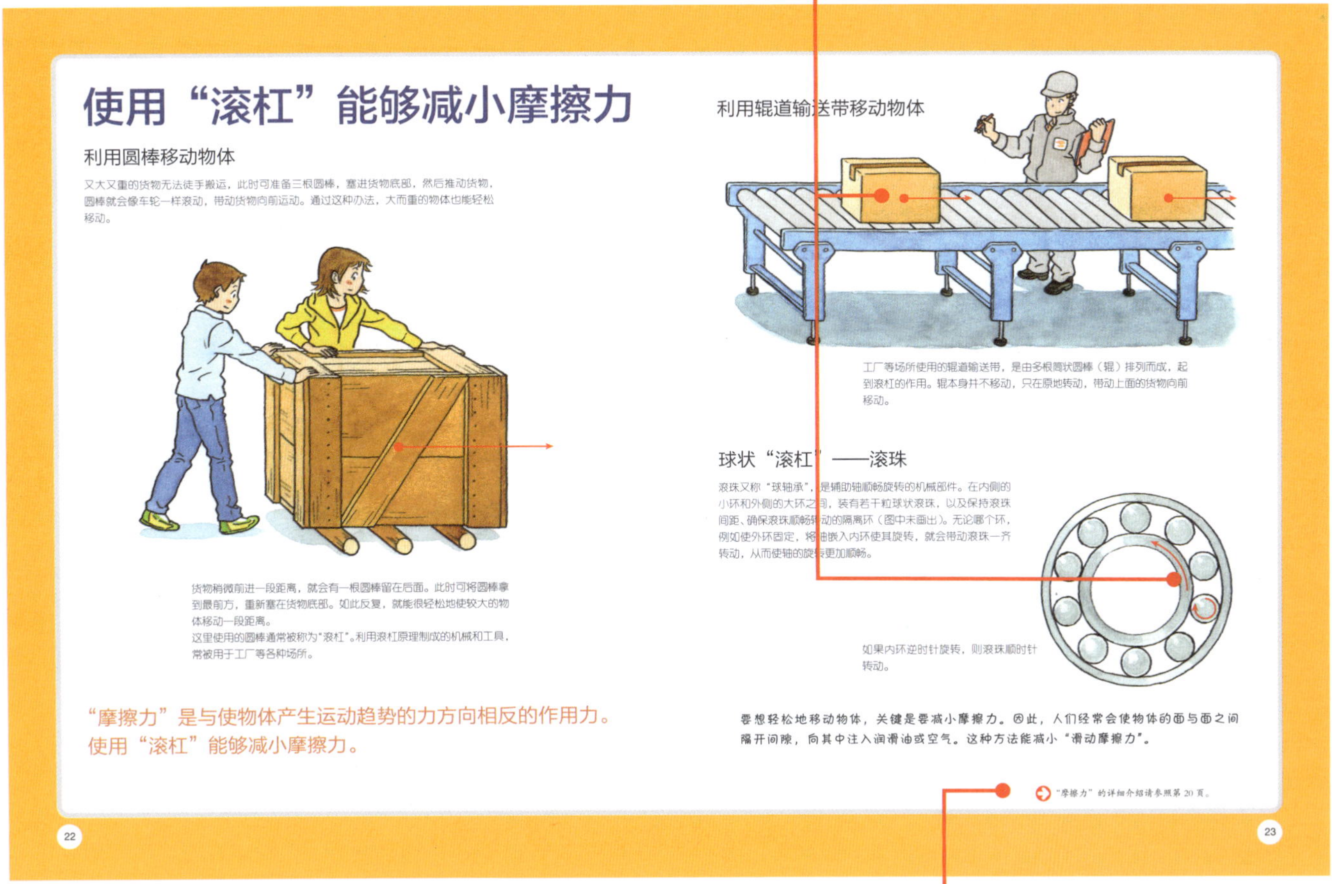

使用“滚杠”能够减小摩擦力

利用圆棒移动物体

又大又重的货物无法徒手搬运，此时可准备三根圆棒，塞进货物底部，然后推动货物，圆棒就会像车轮一样滚动，带动货物向前运动。通过这种办法，大而重的物体也能轻松移动。

货物稍微前进一段距离，就会有一根圆棒留在后面。此时可将圆棒拿到最前方，重新塞在货物底部。如此反复，就能很轻松地使较大的物体移动一段距离。
这里使用的圆棒通常被称为“滚杠”。利用滚杠原理制成的机械和工具，常被用于工厂等各种场所。

“摩擦力”是与使物体产生运动趋势的力方向相反的作用力。
使用“滚杠”能够减小摩擦力。

利用辊道输送带移动物体

工厂等场所使用的辊道输送带，是由多根筒状圆棒（辊）排列而成，起到滚杠的作用。辊本身并不移动，只在原地转动，带动上面的货物向前移动。

球状“滚杠”——滚珠

滚珠又称“球轴承”，是辅助轴顺畅旋转的机械部件。在内侧的小环和外侧的大环之间，装有若干粒球状滚珠，以及保持滚珠间距、确保滚珠顺畅转动的隔离环（图中未画出）。无论哪个环，例如使外环固定，将轴嵌入内环使其旋转，就会带动滚珠一齐转动，从而使轴的旋转更加顺畅。

如果内环逆时针旋转，则滚珠顺时针转动。

要想轻松地移动物体，关键是要减小摩擦力。因此，人们经常会使物体的面与面之间隔开间隙，向其中注入润滑油或空气。这种方法能减小“滑动摩擦力”。

“摩擦力”的详细介绍请参照第 20 页。

表示有相关内容的页码或可供参考内容的页码。

力学原来这么有趣　目录

第 4 章 通过燃烧得到的力

第 5 章 电力和磁力

第 6 章 能量

第 7 章 载具对比

文中计量单位符号与名称对照表

单位名称	单位符号	单位名称	单位符号
克	g	米 / 秒	m/s
千克	kg	摄氏度	℃
厘米	cm	立方米	m^3
平方米	m^2	分钟	min
米	m	瓦	W
吨	t	千米	km
标准大气压	atm	千瓦	kW
帕	Pa	千米 / 小时	km/h
百帕	hPa	马力（匹马力）	hp
牛	N	千牛	kN

* 重要说明：本书中原作者为表达方便，使用千克（kg）、吨（t）等质量单位来描述重量（重力）。严格意义上，每处都应乘以系数 9.8N/kg，在此进行统一说明。

第1章 人的动作与力

人在什么时候会施加力？推拉静止的物体时会施加力，举起物体时会施加力，做出走路、奔跑、跳跃等动作时也会施加力。力虽然看不见摸不着，但是能通过身体感觉到。首先，我们就通过人的动作来探寻什么是力。

推或拉

移动物体需要力。

和母亲一起去购物。购买的东西很少时，并不需要很大的力就能将购物车拉动，但购买的东西很多时，拉动起来就很费力了。

移动重物需要更大的力。

要想推动又大又重的汽车，就算是相扑大力士也需要费很大的力才能做到。

牵拉物体也需要力。

安上车轮虽然能够省力，但重物的重量毕竟很大，拉动起来仍然需要花费不小的力气。

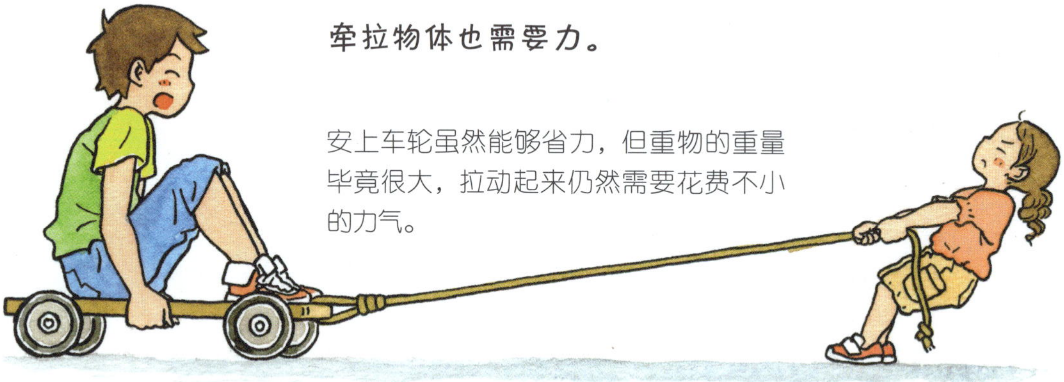

运动定律

移动静止的物体时，使运动的物体加速时，都需要力。物体越重，加速越快，需要的力就越大。使运动的物体静止时也一样。物体从静止到运动，从运动到静止，都要受到“力”的作用。这称为“运动定律”。

使运动的物体静止

使运动的物体静止时也需要力。

同一个物体以不同的速度运动，速度越快，则使其静止所需要的力越大；不同的物体以同样的速度运动，重量越大的物体，使其静止所需要的力越大。

使静止的物体开始运动，使运动的物体静止下来，都需要“力”的作用。

在不施加任何力的时候

静止的物体继续静止。

运动的物体继续运动。

更详细的内容将在第 16 页来进行介绍。

不过……

上述现象只发生在“特殊环境中”。
在通常情况下，运动的物体会慢慢减速，最后静止。
这是因为物体会受到一种“隐形力”的作用。

这种“隐形力”的具体介绍请参照第 20 页。

滑行

使各种物体在平整的冰面上滑行，只要在最初推动时施加力，之后什么都不用做，物体仍会继续滑行。滑到多远才会停下来呢？

无论是水壶还是不倒翁，都能在冰面上滑行很远。多么不可思议啊！

你知道“冰壶”这项体育运动吗？选手推动沉重的石壶（称为砥石）在冰面上滑行，最终以距离远处圆心最近者为胜。在砥石滑行的过程中，选手会用刷子不停地摩擦砥石前方的冰面。

冰壶比赛使用的砥石由花岗岩制成，重达20kg（kg是kilogram的缩写，中文为千克）。

惯性定律

如果不施加力，物体会保持惯有的状态，运动的物体继续运动，静止的物体继续静止。这种性质称为“惯性”。

物体始终保持静止或运动的状态，这就是“惯性定律”。

“惯性”的具体内容将在第86～87页来进行介绍。

当滑行的物体撞上另一个静止的物体时，会受到其他方向的作用力。此时，施撞的物体会改变方向继续滑行，被撞的物体则会受到来自施撞物体的作用力而开始滑行。

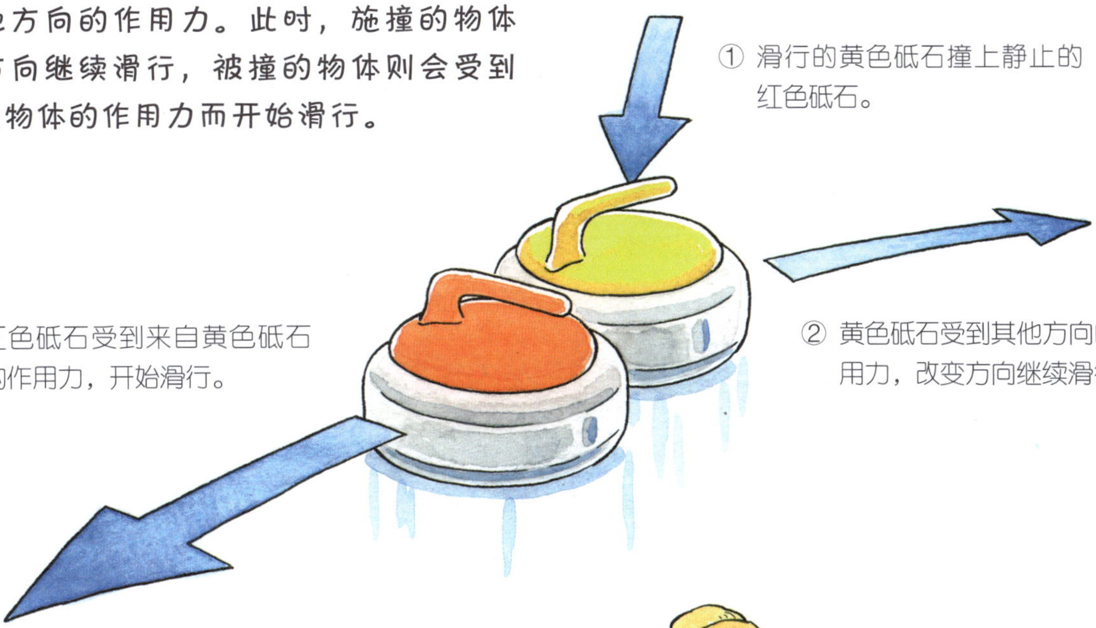

① 滑行的黄色砥石撞上静止的红色砥石。

② 黄色砥石受到其他方向的作用力，改变方向继续滑行。

③ 红色砥石受到来自黄色砥石的作用力，开始滑行。

冰面越平整就越光滑。一旦开始滑行，想停下来都很难。

冰壶选手之所以用刷子快速摩擦冰面，是为了利用摩擦生热的原理来使冰的表面融化，形成一层薄薄的水膜，从而帮助砥石滑得更远。

很难运动……

砥石在冰面上能够轻松滑行，但是如果换成地面，就很难滑起来了。

这是因为，砥石和地面之间会产生一种阻止物体运动的力。这种力称为“摩擦力”。滑行的物体之所以会停下来，正是受到了摩擦力的作用。

粗糙的表面会产生很大的摩擦力，光滑的表面则会产生很小的摩擦力，例如冰面，所以物体能够滑行很远。而在没有摩擦力的环境里，物体一旦开始滑动，就会永远滑行下去。

要想使砥石在地面上滑动，需要极大的力，因为地面和砥石之间的摩擦力远远大于冰面和砥石之间的摩擦力。

“摩擦力”的详细介绍请参照第 20 页。

蹬踏地面

我们观察快步行走的人就会发现，人是通过用脚向后蹬踏地面来前进的，奔跑时蹬踏的力度更大。这是因为，人对地面施加向后的力，就会受到来自地面的相反作用力，从而推动身体前进。

●快步行走

●快速奔跑

蹬踏地面的力越大，身体前进的速度就越快。

跳跃也一样。人对地面施加推力，就会受到来自地面的同样大的推力。

蹬踏地面的力度越大，就跳得越高。

作用力与反作用力定律

当一个物体“推”另一个物体时，被推的物体会产生一个大小相等、方向相反的力来“反推”对方。这种相互之间“被推后就会反推”的关系，称为“作用力与反作用力定律”。

被推后就会反推

推一个物体后被反推的情况，在日常生活中随处可见，比如下面这些例子。

两艘小船撞在一起，会分别向对方施加反推力。

淋浴时，如果淋浴头喷出的水势很猛，淋浴头就会后仰，需要用手牢牢握住。这是因为，水猛然向外喷出时，淋浴头会受到反作用力，从而被推向相反的方向。而淋浴头通常很轻，难以抵抗反作用力，所以此时就需要人紧紧握住。

用锤子敲钉子，钉子会在很短的时间内反推锤子，但由于施加在钉子上的力集中在很小的钉子尖上，所以即使不用很大的力气敲，钉子也能顺利钻进木材。如果是坚硬金属制成的书桌，钉子可就没那么容易钻进去了。

物体总会“停”下来

滚动的球会渐渐变慢，最后停下来。

在冰面上滑行的物体，看起来似乎会一直滑下去，但最后总会停下来。

明明没有人阻止，为什么会停下来呢？原因在于球与地面、物体与冰面之间产生的阻力——“摩擦力”。这就是第 15 页提到的“隐形力”的真面目。

正如“作用力与反作用力定律”（见第 18 页）所述，人在走路时，对地面施加向后的力，就会受到来自地面的相反的作用力，从而推动身体前进。这个来自地面的反作用力就是“摩擦力”。

正因为有了摩擦力，人才能顺利行走而不会滑倒。但如果鞋底很光滑，产生的摩擦力很小，走路时就要小心了，不然很容易摔跤。

摩擦力

放在桌面或地面上的物体开始水平滑动时，桌面或地面会产生阻止物体运动的力。这种阻碍物体相对运动（或相对运动趋势）的力叫作“摩擦力”。摩擦力的大小由相互接触的两个表面的性质决定。对于同样的表面而言，物体越重，摩擦力就越大。

滑动？不滑动？

将书放在略微倾斜的木板上，书是否会滑下？如果把书换成玩具车，是否会滑下呢？

放在木板上的书不会滑下，因为比起使书滑下的重力（见第 24 页），木板和书之间产生的摩擦力更大。

换成玩具车后，虽然也不会使车滑下，但是会使车轮滚动，驶下斜面。因为车轮和木板之间的摩擦力很小，不能使车滑动，只能使车轮滚动。

摩擦力分为物体滑动时受到的“滑动摩擦力”和物体滚动时受到的“滚动摩擦力”。滚动摩擦力要远远小于滑动摩擦力。

不过也有例外，汽车行驶在冰雪路面上之所以会打滑，就是因为车轮受到来自路面的滑动摩擦力比滚动摩擦力更小的缘故。

摩擦力大小适中最好！

摩擦力存在于各种场合，有时是有益的，有时则是有害的。例如，摩擦力过大的滑梯是没法玩儿的，而摩擦力过小的走廊则很容易使人滑倒。

反之，如果滑梯的摩擦力过小，孩子就容易滑出很远，这样也是很危险的。

使用“滚杠”能够减小摩擦力

利用圆棒移动物体

又大又重的货物无法徒手搬运，此时可准备三根圆棒，塞进货物底部，然后推动货物，圆棒就会像车轮一样滚动，带动货物向前运动。通过这种办法，大而重的物体也能轻松移动。

货物稍微前进一段距离，就会有一根圆棒留在后面。此时可将圆棒拿到最前方，重新塞在货物底部。如此反复，就能很轻松地使较大的物体移动一段距离。

这里使用的圆棒通常被称为“滚杠”。利用滚杠原理制成的机械和工具，常被用于工厂等各种场所。

“摩擦力”是与使物体产生运动趋势的力方向相反的作用力。
使用“滚杠”能够减小摩擦力。

利用辊道输送带移动物体

工厂等场所使用的辊道输送带，是由多根筒状圆棒（辊）排列而成，起到滚杠的作用。辊本身并不移动，只在原地转动，带动上面的货物向前移动。

球状“滚杠”——滚珠

滚珠又称“球轴承”，是辅助轴顺畅旋转的机械部件。在内侧的小环和外侧的大环之间，装有若干粒球状滚珠，以及保持滚珠间距、确保滚珠顺畅转动的隔离环（图中未画出）。无论哪个环，例如使外环固定，将轴嵌入内环使其旋转，就会带动滚珠一齐转动，从而使轴的旋转更加顺畅。

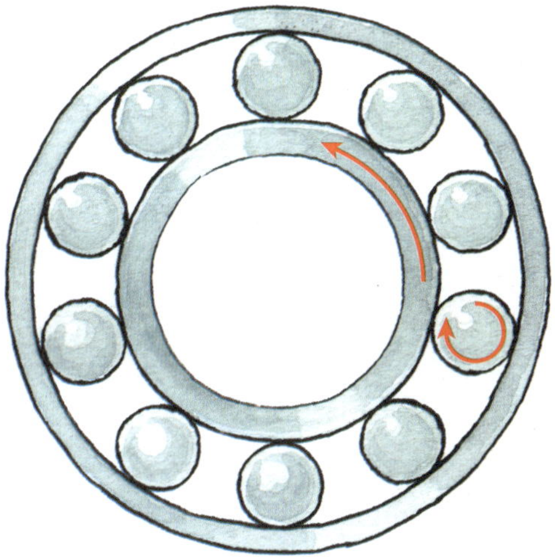

如果内环逆时针旋转，则滚珠顺时针转动。

要想轻松地移动物体，关键是要减小摩擦力。因此，人们经常会使物体的面与面之间隔开间隙，向其中注入润滑油或空气。这种方法能减小“滑动摩擦力”。

“摩擦力”的详细介绍请参照第 20 页。

抬举物体

大家试着举起各种物体时就会发现，有的物体很小却很重，有的物体很大却很轻。不同的物体，重量并不一样。

20g（g 是 gram 的缩写，中文为克）的汤匙很轻，连婴儿也能举起来。

我拿的箱子有 2kg。……有点儿沉。

成年人搬运 20kg 的货物轻而易举，对小朋友来说则太沉了。

参加奥运会的举重选手能举起 200kg 的杠铃！

重力

物体由于地球的吸引而受到的力叫重力。重力的施力物体是地球。

向下的力

重力的存在很容易证明，比如下面这些例子。

只要松手，鸡蛋就会掉在地上摔碎。

牵住绳子，悠悠球就会悬在空中。

由于地球是圆的，所以站在地球的另一端来看，或许也可以称为“向上的力”。

称重 1

使用弹簧秤

压在上面的人越重，弹簧缩得越短。

挂在下面的人越重，弹簧伸得越长。

称重 2

使用天平

在天平的两个托盘中，载物重的一侧会降低。当两侧重量相同时，天平就会达成平衡，此时两个托盘呈水平状态。

牛顿与力

大家知道牛顿和苹果的故事吗?

艾萨克·牛顿（Isaac Newton）出生于 1643 年 1 月 4 日。他是英国皇家学会会长，英国著名的物理学家，百科全书式的“全才”，著有《自然哲学的数学原理》《光学》。

少年时代的牛顿酷爱读书，他的母亲为了让他尽快工作，就叫他去放羊，但他在此期间仍然醉心于读书。后来，母亲终于改变想法，让他继续上学。

就学期间，牛顿寄宿在药剂师朋友的家里。据说他在那里阅读了大量的科学书籍，还做了很多实验，而且他在进入剑桥大学之后，学习也很努力。

许多以前的科学常识，现在看来都是错误的。例如，以前的人认为扔出去的石头之所以会掉在地上，是因为物体本来就应该在下面，而生火时火苗之所以飘向上方，是因为火本来就应该在上面。

所以牛顿准备了一个记事本，把自己的疑问、读书的心得、观察和思考的结果统统记了下来，例如棱镜分光实验及其原理、关于运动和宇宙的疑问等等。

二十三四岁时，牛顿一直待在母亲的农场。一天，他正坐在院子里的苹果树下思考，突然看见一颗苹果从树上落下。

他并没有认为这是天经地义的事，而是开始琢磨苹果为什么会“落下”。经过思考，他认为苹果之所以落下，是受到了地球的吸引，而

苹果同样吸引着地球。

牛顿发现，物体之间存在“引力”，物体越重，引力就越大。可是既然如此，为什么月球不会落在地球上呢？

站在高山上朝水平方向扔出一个球，球会落在不远的地面上，而如果用大炮发射炮弹，炮弹会落在更远的地面上。如果炮弹的速度越来越快，结果会怎样？当炮弹达到足够快的速度时，就不会落在地面上，而是会贴着地球表面环绕一周。月球就如同速度极快的炮弹，所以才会围绕地球旋转，而不会落在地球上。

物体越重，受到来自地球的引力就越大；物体距离地球越远，引力就会急剧减小。牛顿针对所有物体间的作用力进行了大量思考，最后总结出了“万有引力定律”。这一定律的出现，使得人类终于能用一条定律来解释地球乃至宇宙的所有运动。真是太了不起了！

所谓重量，就是地球引力吸引使人感觉到的重力。因此，如果把 100g 的物体放在无重力的环境里，这个物体就没有了重量，但并不是说该物体就此消失。物体的量并不叫“重量”，而被称为“质量”。例如，在距离地球很远的地方，物体的重量减小一半，但质量依然保持不变。

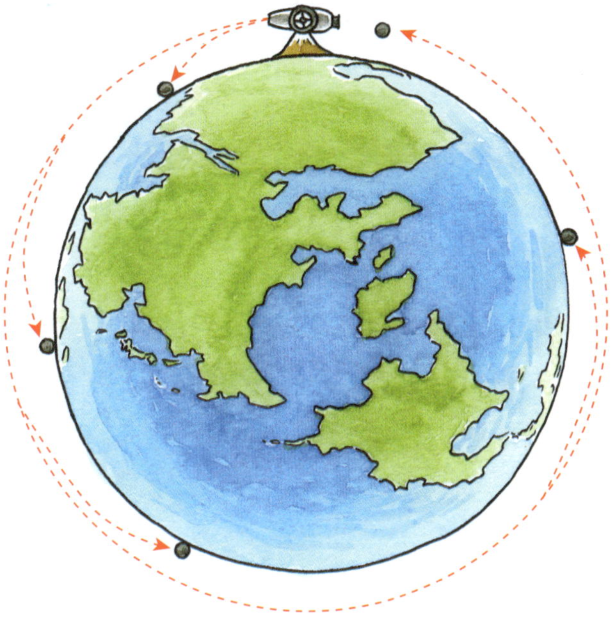

在高山上用大炮发射炮弹。牛顿认为，炮弹的速度越快，飞得就越远，当达到足够快的速度时，就能环绕地球一周。

通过研究力与运动之间的关系，牛顿创立了物理学的基础——“力学”。他所总结的“牛顿运动定律”，对“力”的研究和理解，奠定了科学的基础。牛顿运动定律包括牛顿第一运动定律、牛顿第二运动定律和牛顿第三运动定律这三条定律，在 1687 年于《自然哲学的数学原理》一书中总结提出。其中，第一定律说明了力的含义：力是改变物体运动状态的原因；第二定律指出了力的作用效果：力使物体获得加速度；第三定律揭示出力的本质：力是物体间的相互作用。

力的单位　力的物理学单位称为“牛顿（Newton）”，简称牛，符号为 N。托起两个鸡蛋所用的力大约是 1N。

探索物体运动奥秘的伽利略

伽利略·伽利雷（Galileo Galilei）于 1564 年出生在意大利比萨城。他是意大利著名的数学家、物理学家、天文学家，科学革命的先驱。伽利略发明了摆针和温度计，在科学上为人类作出过巨大贡献，是近代实验科学的奠基人之一。

伽利略的父亲在数学和音乐方面很有天赋，而他似乎也继承了父亲的才华，具有很强的自我思考能力和学习能力。伽利略起初立志成为医生，就在比萨的大学开始学习医学。可是，当时的医学并不能完全满足伽利略的研究欲望，于是他又努力学习数学和物理学。

在 18 岁的一天傍晚，这时他还在为了成为医生而学习医学，伽利略参加了城里教会举办的弥撒（基督教的天主教教会举办的仪式）。当时天色已暗，教会的人点亮了挂在天花板上的吊灯，松开手后，吊灯开始摆动起来。伽利略目不转睛地观察着吊灯，发现摆动幅度越来越小，速度也越来越慢。

他原本以为，摆动幅度变小，往复一次所需的时间（称为“周期”）也会变小。可是，他根据自己的脉搏计数后发现，吊灯的摆动幅度变小，周期却没有变化。

回到家后，伽利略把石块系在绳子末端，制成一个“摆”，进行了更精确的实验。他让摆以同样的幅度开始摆动，然后测量逐渐变小的摆动幅度以及周期。结果显示，周期确实是恒定的。无论用的是重石块还是轻石块，周期都保持不变。他还发现，绳子越长，周期就越长。摆的周期与摆动幅度和物体的重量无关，这称为“摆的等时性”。

25 岁时，伽利略开始在大学里教数学，同

时开始研究物体的重心和下落运动。

据说，他曾在大学教授和学生面前做了一个实验，在著名的比萨斜塔上使两个重量不同的球同时下落，结果两个球几乎同时落地。这令大家异常震惊，因为他们原本坚信，下落的物体越重，速度就越快。

从高空抛落物体时，物体很快就会落地，难以研究过程。为了确定物体下落运动的具体过程，伽利略进行了更进一步的实验。他在斜坡上挖了一条沟，使表面光滑的小球从斜坡顶端沿着沟滚落。如此一来，就能延长小球落地的时间。

而且，他还在沟里标上刻度，研究了速度与时间之间的关系。最终证明，小球开始滚动后，经过的时间越长，滚落的速度就越快。

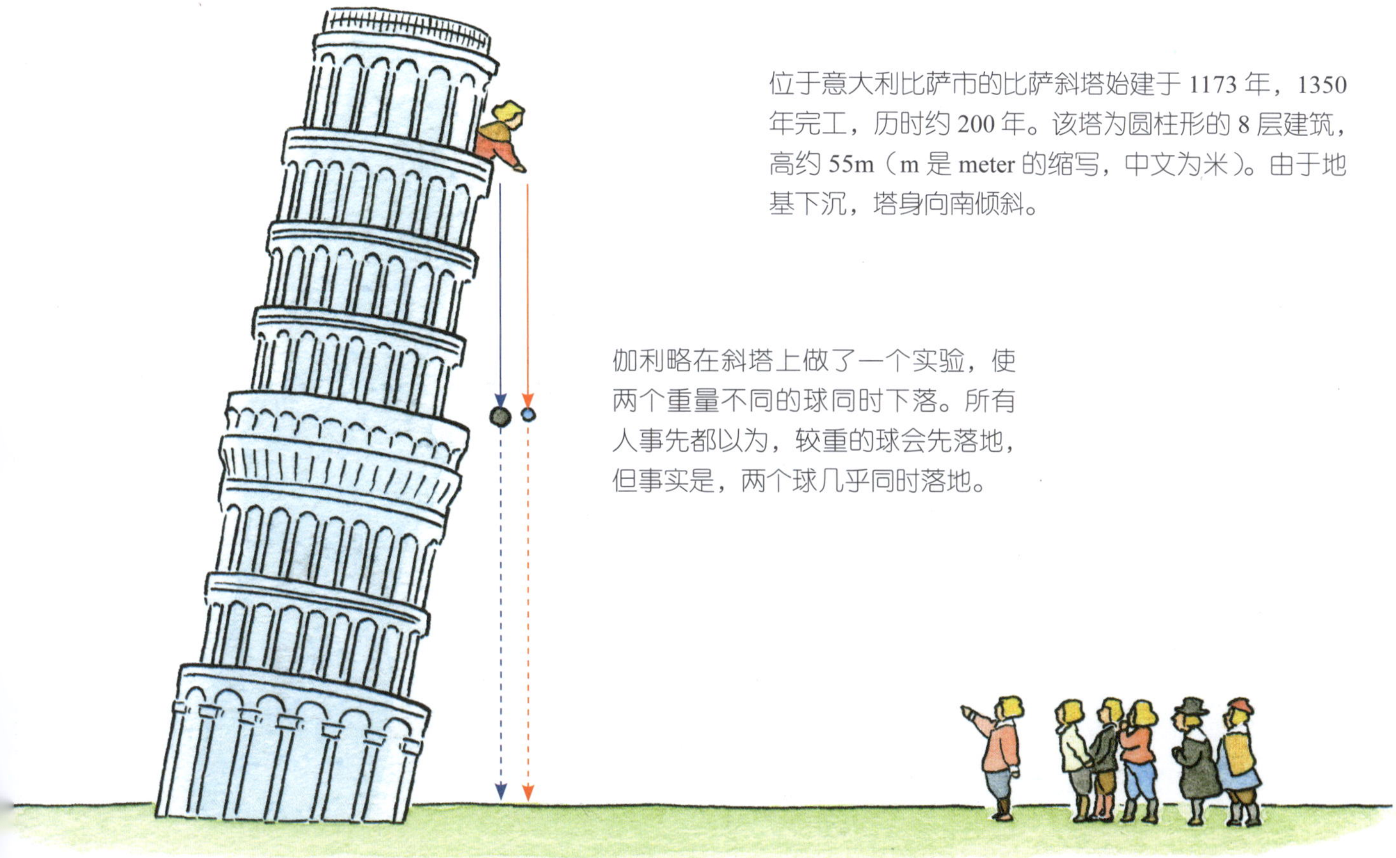

位于意大利比萨市的比萨斜塔始建于 1173 年，1350 年完工，历时约 200 年。该塔为圆柱形的 8 层建筑，高约 55m（m 是 meter 的缩写，中文为米）。由于地基下沉，塔身向南倾斜。

伽利略在斜塔上做了一个实验，使两个重量不同的球同时下落。所有人事先都以为，较重的球会先落地，但事实是，两个球几乎同时落地。

书桌上的书

书桌上静静地放着一本书，纹丝不动，但这本书并非完全不受力的作用。

书受到向下的“重力”的作用，并同时产生一个大小相等、方向相反的力。这个方向相反的力称为“支持力”，其作用相当于书桌把书向上托举。作用在书上的两个力达成平衡，所以书会保持静止。

力的平衡

当作用在同一个物体上的两个力在一条直线上，并且大小相等、方向相反时，就达成了“力的平衡”。当物体受力平衡时，原本静止的物体仍会保持静止状态。

拔河游戏

“我不会输给你！”“我也是！”
两个势均力敌的对手拔河，结局总是不分胜负。

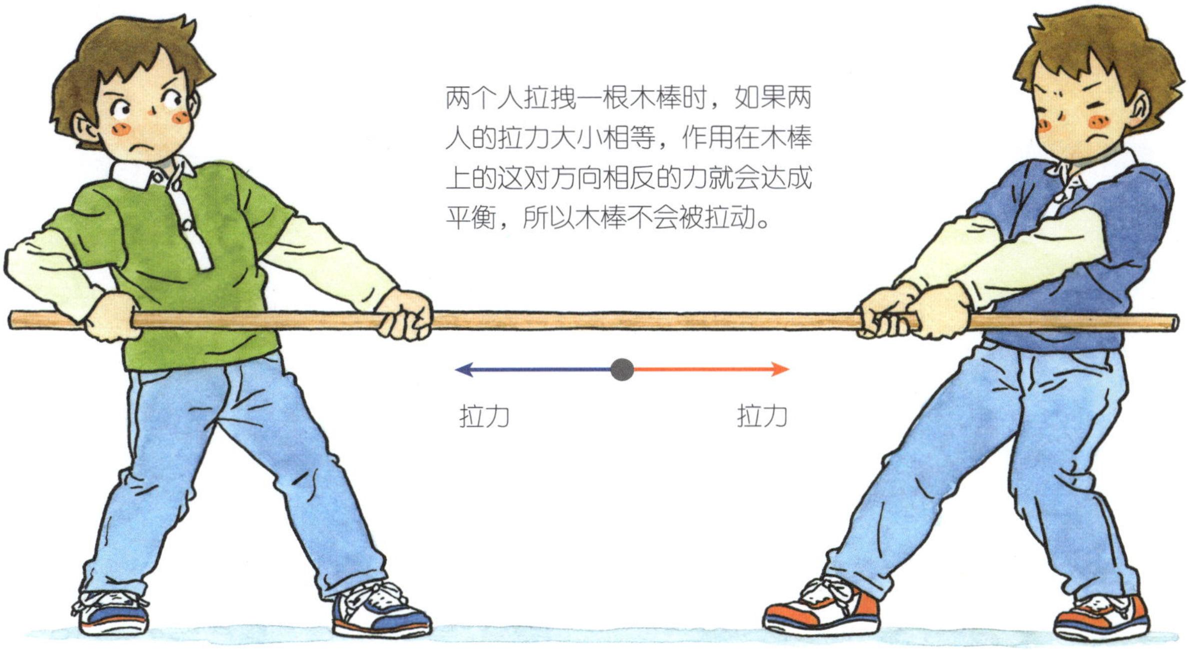

耐力游戏

“我快撑不住了……”
“加油！加油！”

身体的重量和绳子向上的拉力达成平衡，所以少年能一直悬吊在空中。
不过，一旦少年累得松手，张力就会消失，此时只剩重力，少年就会下落。

两人提桶

装满水的水桶很沉，两个人提比较轻松。但是大家知道吗？以不同的角度提水桶，分担在两个人身上的重量是不一样的。以下图为例，左右两种提法，哪种更省力？

箭头的方向和长度分别表示力的方向和大小（该箭头称为“矢量”）。想知道二人的力如何作用，不妨以两个矢量为相邻两边，画出一个平行四边形。

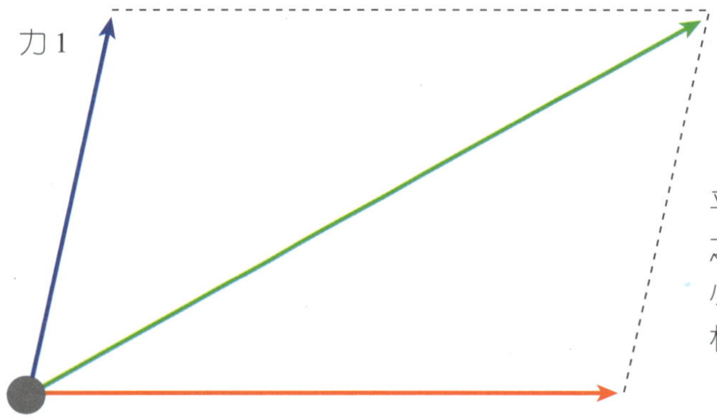

合力

力是矢量，有“大小”和“方向”，合力指的是作用于同一物体上多个力加在一起的矢量和。合力的大小和方向均不同于原来的力。

如何做到轻松省力

箭头的长度表示力的大小，指向表示力的方向。将两个力合成之后，就能清楚地知道力是如何作用的。

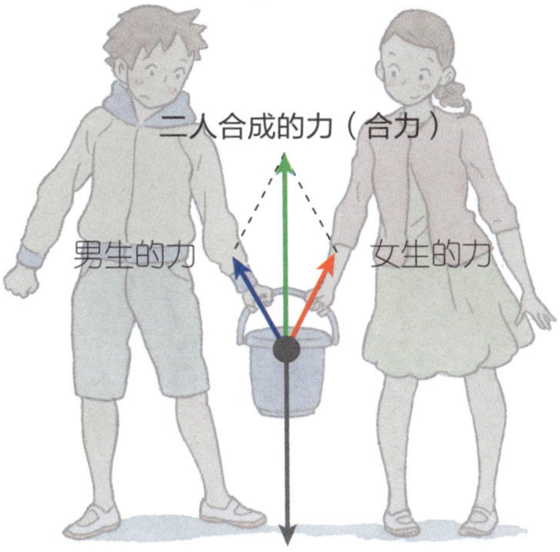

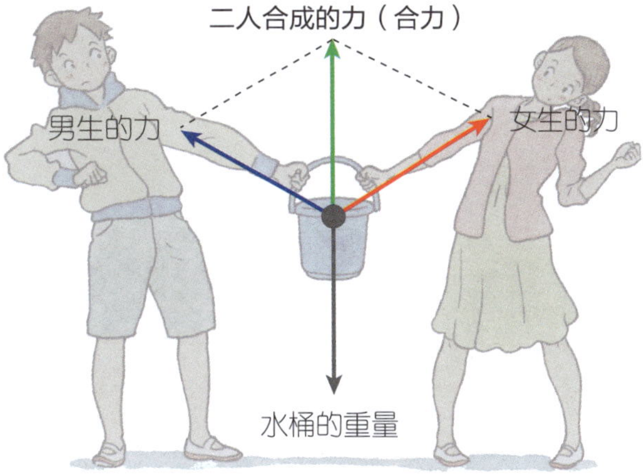

不难发现，左图的提法更省力。

重心的位置在哪里？

物体都有“重心”，即“重量的中心”。只要重心的正上方或正下方得到支撑，物体就不会倾斜歪倒。在画力的矢量时，可以画成以重心为起点的垂直线。（●图中的红色圆点就是重心的位置）

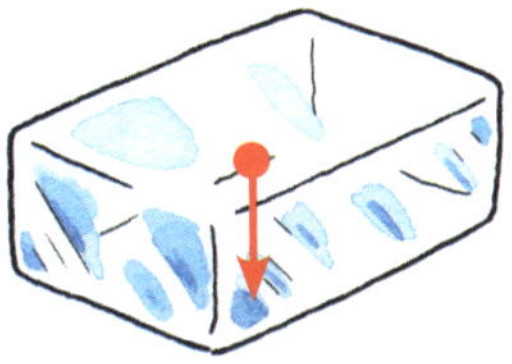

透明的塑料块

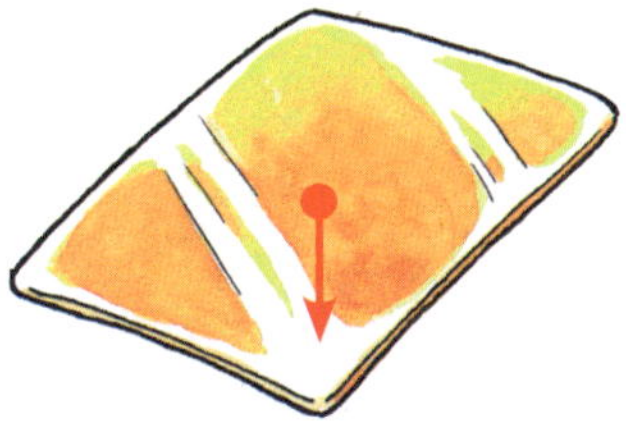

垫板

球

上面三个物体的重心都位于正中央，下面的物体则稍有不同。

不倒翁的重心位于底部。

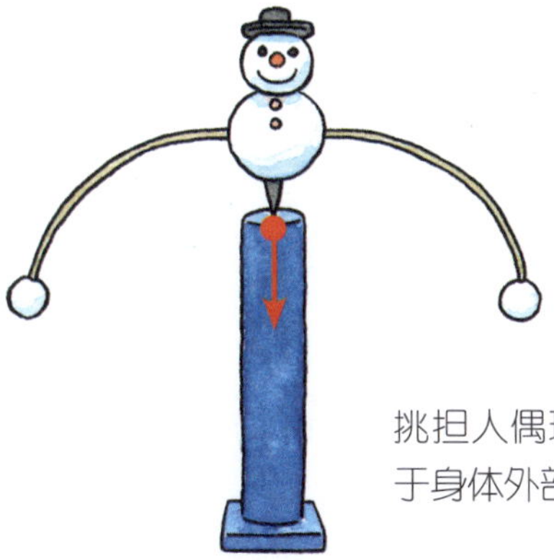

挑担人偶玩具的重心位于身体外部。

使用杠杆

使用杠杆能把很小的力变成很大的力。利用杠杆原理制成的工具在日常生活中随处可见。

例如花匠使用的大剪刀，能够轻易剪断粗枝。

使用开瓶器能够轻易撬开紧固的瓶盖。

使用撬棍能够轻易撬出钉子。

大家不妨想想，除了这些工具之外，还有哪些工具利用了杠杆原理？

杠杆原理

杆的某一点（支点）固定，对另一点（施力点）施加力，就能移动第三个点（受力点）上的物体。这样的工具称为“杠杆”。杠杆的原理是：作用在施力点上的重量 × 支点到施力点的距离 = 作用在受力点上的重量 × 支点到受力点的距离。

思考杠杆原理

以杆的某一点为支点，在其他位置确定施力点。对施力点施加的力会通过杆身，作用于物体所在的另一个位置（受力点），从而使物体移动。

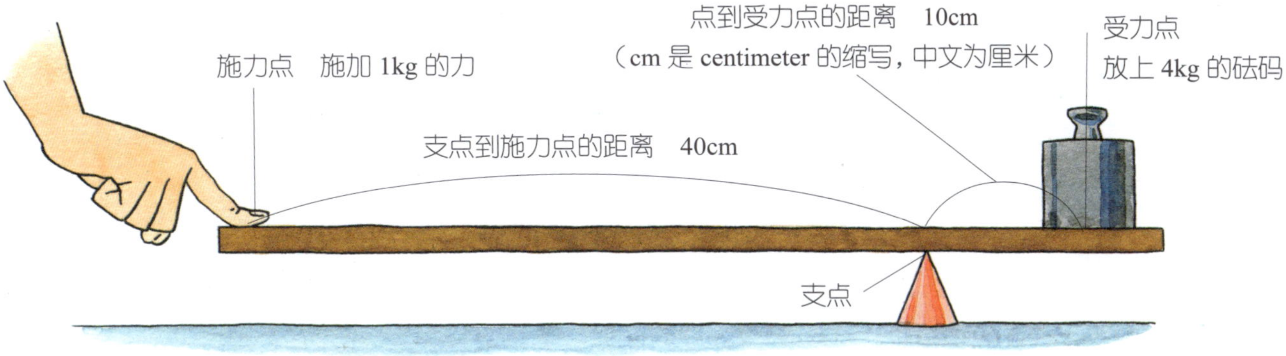

从左到右依次为施力点、支点、受力点。用相当于 1kg 的力按压施力点，就能与受力点上 4kg 的砝码达成平衡，从而托住砝码。可用下式表示：

1（kg）×40（cm）=4（kg）×10（cm）

支点到施力点的距离越长，支点到受力点的距离越短，移动物体所需的力就越小。如果二者距离相等，则所需的力等于物体的重量。

和爸爸玩跷跷板，爸爸坐在靠前的位置，就能达成平衡。

跷跷板也是利用杠杆原理制成的。

支点的位置在哪里？

杠杆的支点并非总是位于施力点和受力点之间。

例如，开瓶器的受力点位于中间。镊子的施力点位于中间，支点位于外侧。通过这样的结构，利用手指的细微动作，就能得到很小很轻的力。

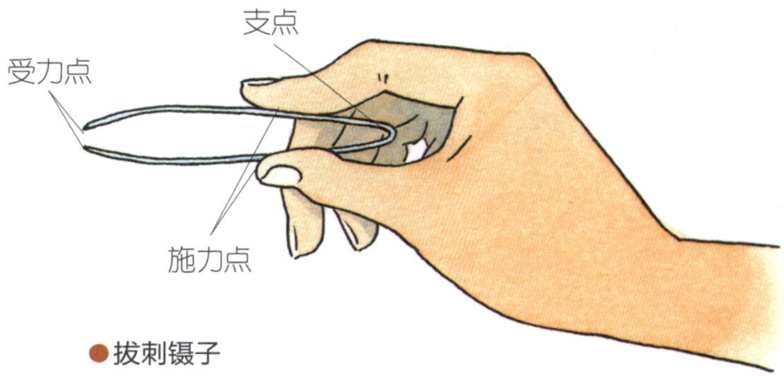

●拔刺镊子

旋转的“杠杆”

仔细观察就会发现，杠杆以中心为支点左右倾斜时，所做的并不是上下运动（左右运动），而是旋转运动。

例如自行车的车把，装有支撑前轮的轴，轴心是支点，轴的边缘是受力点，施力点位于把手（双手握住的部位）。

这种“旋转的杠杆”受到两个大小相等、方向相反、不共线的作用力。这两个力称为“力偶”。

如果自行车的车把很短，哪怕转动很小的角度，车子的前进方向也会发生很大的变化。这种情况非常危险，操作时务必谨慎！

●作用在自行车车把上的力偶

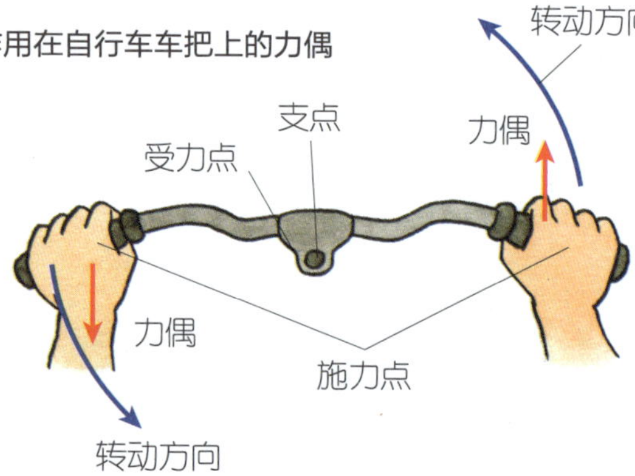

双手握住车把，如果左手向内侧拉动，右手就会被推向外侧。

大小相等、方向相反、不共线的一对力称为“力偶”。

汽车的方向盘是圆形的。

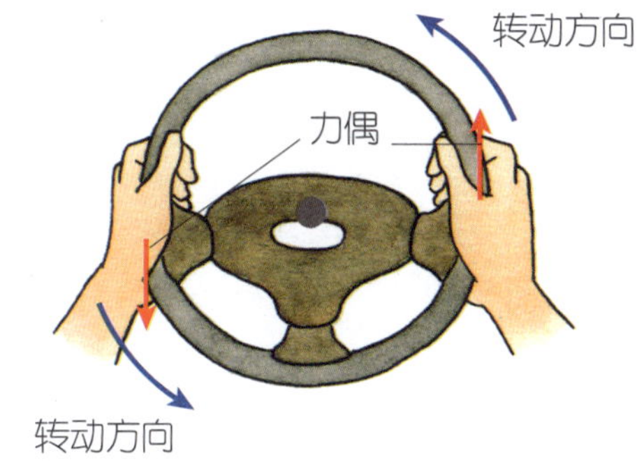

虽然汽车的方向盘与自行车的车把形状不同，但力的作用原理是一样的。

水车也是旋转的“杠杆”

水车的外侧装有很多蓄水的箱格，利用积蓄在其中的水的重量来实现转动。乍看上去似乎与“杠杆”没什么关系，但实际上，水车利用的也是杠杆原理。

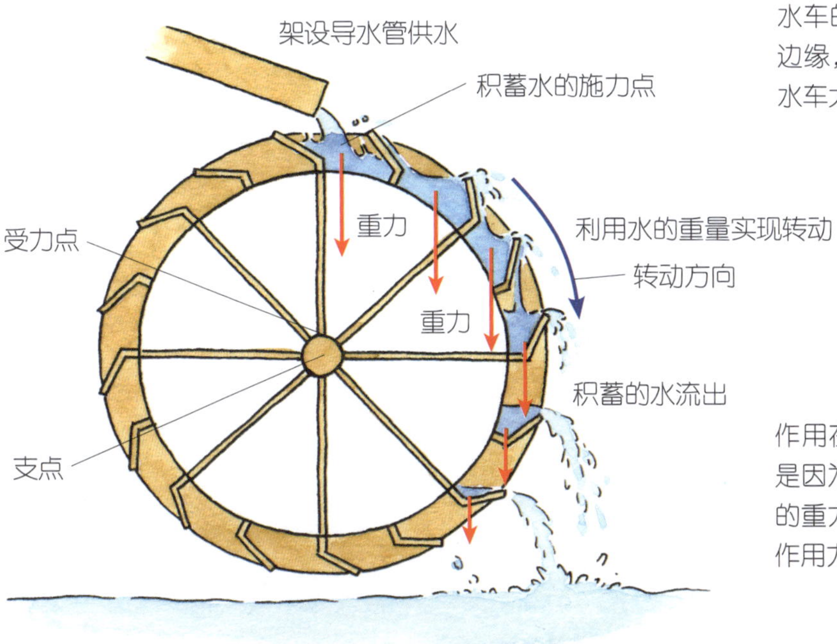

水车的支点位于轴心，受力点位于轴的边缘，所以支点到受力点的距离很短。水车大轮上积蓄水的部位是施力点。

作用在水车上的力不能称为“力偶”。这是因为，尽管下落的箱格受到了向下的水的重力，但上升的箱格并没有受到向上的作用力。

制作持续旋转的陀螺

如果技术够好，就能使陀螺在旋转时保持直立，看起来像静止一样。如果没有摩擦力和空气阻力，陀螺就能一直保持旋转，就像“惯性定律”中提到的持续滑行一样，该定律同样适用于陀螺。

利用绳子带动旋转的陀螺，需要把绳子在陀螺上缠绕许多圈。

即使是手工制作的陀螺，只要有足够的平衡性，也能旋转很长时间。

平衡性不好的手工陀螺无法长时间旋转。

用橡子制成的手工陀螺也无法长时间旋转。

尝试制作陀螺

只需准备细棍（用来作轴）和厚卡纸，就能轻松制作出手工陀螺。

- 制作轴时，可以把竹签切断，或者直接使用牙签。
- 在纸上画出半径为 5cm 的圆盘并剪下来。
- 在圆盘中心开孔，插入轴，用黏合剂固定。

要想制作能够长时间持续旋转的陀螺，需要掌握一定的窍门。那就是：

轴应该垂直穿过圆盘的中心，也就是圆盘的重心。

重心越低越稳定，所以从理论上来说，圆盘越大越好，但实际上不能太大，否则在旋转时容易出现起伏。

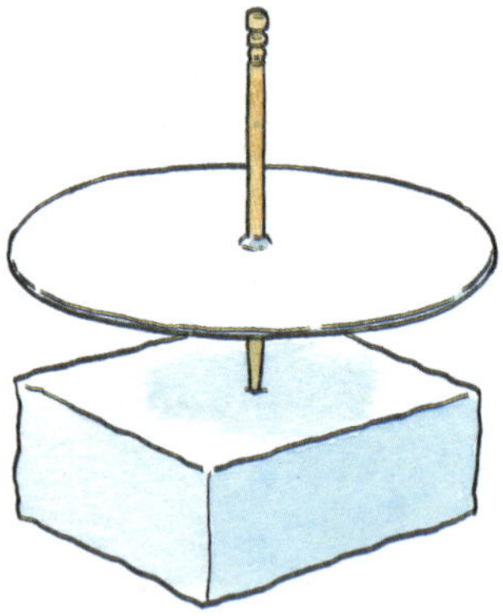

可以垂直插在厚泡沫塑料块上，等待黏合剂干透。

我们居住的地球也是一个“大陀螺”。
穿过南北两极的直线就是轴，地球每天绕着这个轴自转一周。
这个巨大的陀螺已经毫不停歇地持续转动了几十亿年。

地球陀螺

这并不是真正的地球，而是玩具。
地球陀螺上有两个圆框，一个位于陀螺周围（相当于真正地球的赤道），另一个穿过南北两极。轴镶嵌在圆框上的孔里，可以顺畅地旋转，轴的顶端和底端分别相当于北极和南极。
用细绳穿过轴上的孔，缠绕在轴上，然后推动圆框，拉紧细绳，陀螺就会开始旋转。
一旦开始旋转，就会像马戏团里的走钢丝表演一样，在细绳上持续旋转很长时间。

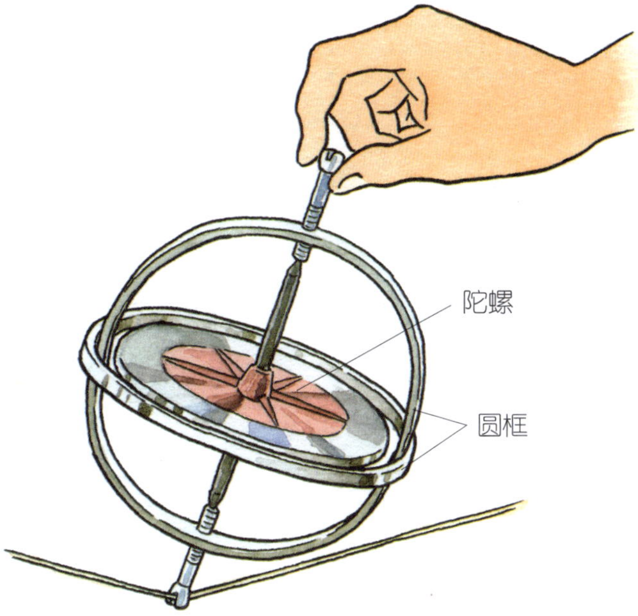

陀螺仪

陀螺仪是用来准确测量载具前进方向的仪器。中部陀螺的重心位于正中央，外部有一个固定的框围着第二个框，第二个框又围着第三个框。陀螺能够朝向任何方向。在陀螺旋转时，即使连同底座一起倾斜，陀螺轴的指向也不会改变。
比起行驶在道路或铁轨上的载具，船只、飞机、火箭等载具就很难知道其是否正沿直线前进，有没有发生转弯、倾斜等情况。但是如果安装了陀螺仪，就很容易确定了。这是因为，即使载具改变方向，陀螺轴的指向也是不变的，所以能知道载具如何改变方向，或是出现了怎样程度的倾斜。

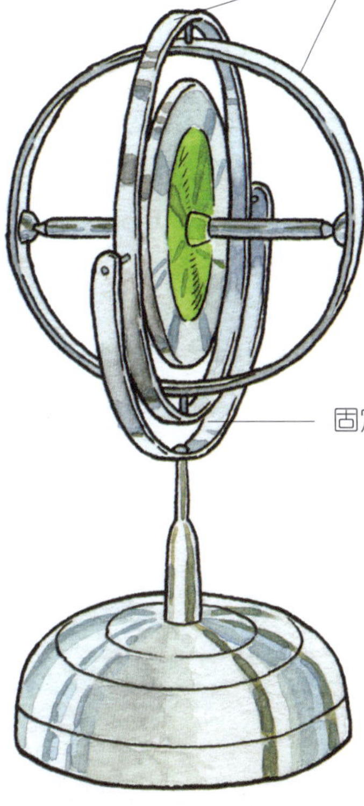

投球

你喜欢棒球吗？在专业的棒球比赛中，投手投出的球速度非常快。你知道此时投手做出了怎样的动作吗？

以右边这位投手为例，投球时的动作如上图①～⑥所示。即以右脚为轴站立，持球的右臂后摆，左脚向前踏出一大步，右臂用力向前快速挥动，同时身体随之大幅度前倾。而且在球离手的瞬间，从手腕到指尖都用力向前挥出。

通过这些动作的组合，离手时的球速就会非常快。而且，指尖的细微动作也会影响球的前进方向。

在投球时，身体的重心逐渐前倾，如同把整个体重施加在球上。仿佛球如果没投出去，就会向前摔倒一样。

在球离手之前，身体会受到来自球的向后的反作用力，所以能够站稳，不会摔倒，球则会以相应的动量飞出。

动量

以球的运动而言，速度越快，运动的“趋势”就越大。这种运动的趋势称为“动量”。动量的计算公式为“质量×速度”。动量相同时，轻球比重球的速度更快。

以轴脚（右脚）的位置为标准，画出球在水平方向上的位置，即如右图所示。数字①～⑥对应下图，各数字之间的用时是一定的。不难发现，经过的时间越久，球飞行的单位距离就越远。

重球和轻球

投手对球施加的动量与球的重量有关。在球离手之前，如果持续施加的力的总和相同，则重球和轻球的动量也相同。

假设轻球的重量为重球的一半，如果重球和轻球的动量相同，则轻球的飞行速度就是重球的2倍。

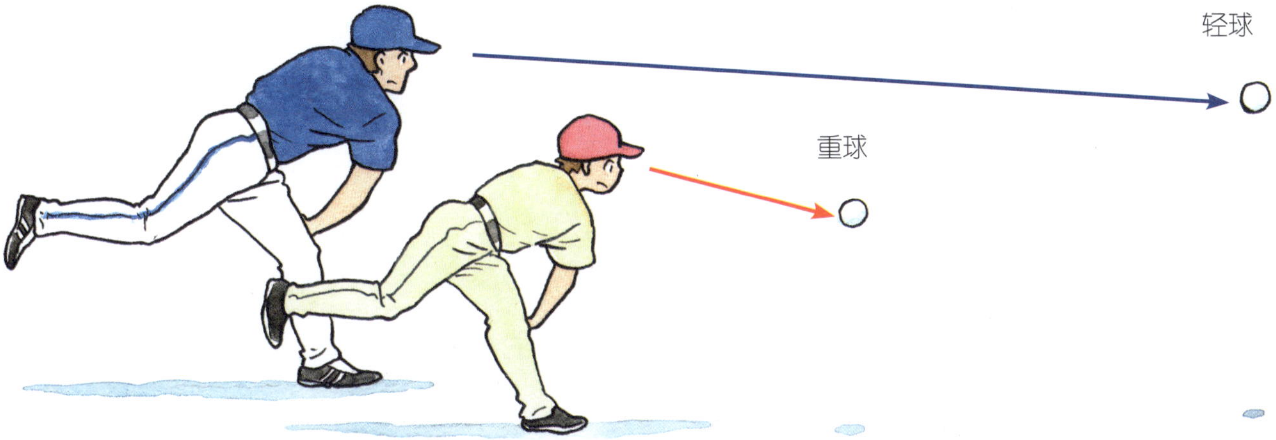

接球

大家不妨试试空手接球。如果球速很慢，就能轻易接住，而且手不会痛。但是，如果球速很快，手就会感到很痛。顺利接球需要掌握窍门。

要想减小球入手时的“冲力”，可以尽量延长动量减为零所用的时间，例如在球和手之间放置缓冲物。
此外，还可设法增大接触球的面积，分散冲力，同样能够减轻疼痛。

如果伸直手臂接球，球速减为零所用的时间很短，手心瞬间受到巨大的冲力，自然会感到很痛。

在接球的瞬间，应该把手向后轻移，起到缓冲的作用，延长球速减为零所用的时间，自然就能减轻疼痛。

如果戴上棒球手套，即使接住速度很快的球，手也不会痛。
因为棒球手套具有弹性，能够延长球速减为零所用的时间，而且接触面积大，在同等冲力的作用下，能比狭窄的手心更好地分散冲力。

冲力 当运动的物体撞上另一个物体时，二者在运动状态发生变化的瞬间，都会受到“冲力”的作用。当物体具有的动量在短时间内发生巨大变化时，就会相应地产生巨大的冲力，例如高速行驶的汽车突然停止时。

击球

用球棒击球时，球的动量会在冲力的作用下发生巨大变化。

撞在球棒上的球会在瞬间静止，然后受到来自球棒的动量，改变方向飞出。球棒越重，挥动速度越快，施加在球上的冲力就越大，球就飞得越快越远。

不过，球与球棒接触瞬间的角度和位置很重要。如果击球不够精准，再大的力量也会被分散掉。

安全设计

汽车相撞的交通事故，就是动量在短时间内发生巨大变化的典型例子。汽车越重，速度越快，冲击时产生的冲力就越大。

人们以前认为，汽车车身越结实就越安全，但最近，汽车前部开始被特意设计得较脆弱，这样在交通事故中受到巨大的冲力时，就能起到缓冲的作用。尽管只是很小的细节，却能在关键时刻挽救宝贵的生命。

橡胶的弹性

橡胶是代表性的高弹性材料，既能制成柔软易伸缩的物体，也能制成坚硬难伸缩的高强度物体，用途十分广泛，在我们的日常生活中随处可见。

气球就是用柔软的橡胶制成的，向内吹气就能膨胀变大。

拉扯一根橡皮筋时，很容易就能拉长，但如果把多个橡皮筋套在一起，要想拉长就很费力。

人们利用橡胶的高弹性，制成了各种各样的工具。

例如双层结构的汽车轮胎，内侧使用柔软易伸缩的橡胶，外侧使用坚硬结实的橡胶。内侧橡胶注入空气，像气球一样膨胀，外侧橡胶则对内侧橡胶加以约束，防止膨胀过度，起到缓冲的作用。

运动鞋的鞋底也是用橡胶制成的。行走时橡胶受压，轻微收缩，能够减小来自地面的反冲力，防止脚痛。

弹力

像橡胶和弹簧一样，物体受到力的作用而伸长、缩短、弯曲时，试图恢复原状的性质称为“弹性”，此时产生的力称为“弹力”。最初施加的力越大，产生的弹力就越大。

关于各种“弹簧”，请参照第 46 页。

弹簧的弹性

弓是利用弯曲的弦恢复原状时产生的弹力来对箭施加力的，因此也是一种弹簧。此外，利用杠杆原理制成的“拔刺镊子”和“普通镊子”也属于弹簧。

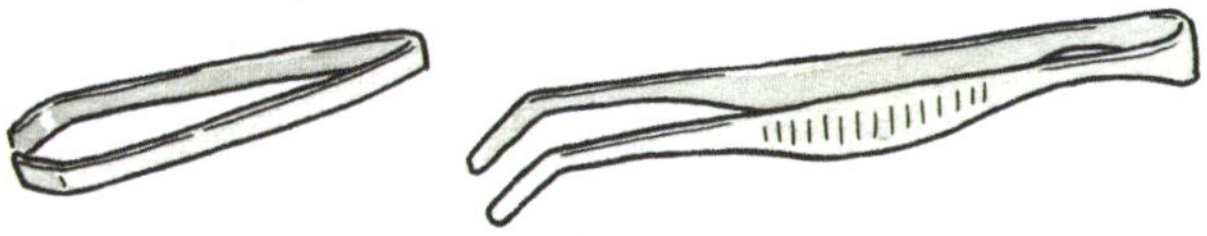

拔刺镊子和普通镊子只需在夹取物体时手指用力即可。放松力量后，就会在弹力的作用下恢复原状。

弹簧缩得越短或伸得越长，试图恢复原状的力就越大。不过，如果施加的力过大，超过弹簧所能承受的极限，就再也无法恢复原状，所以需要格外注意。

儿童的房间里也有很多地方用到了弹簧。大家不妨在下图中寻找一下，看看有哪些地方使用了弹簧。

＜答案＞ 蹦床、床垫、姐姐的发夹、两个发条玩具、贴在白板上的磁夹

各种弹簧

用力拉扯或按压，弹簧就会伸长或缩短，一旦力量消失，弹簧就会恢复原来的长度。弹簧就是利用变形后试图恢复原状的力（弹力）制成的部件。“钢”这种金属虽然不能像橡胶一样大幅度地伸缩，但同样具有优良的弹性，所以很多弹簧都是用钢制成的。

板簧

“板簧”是用金属材料制成的弯曲薄板。女性用来固定头发的发夹就使用了板簧。

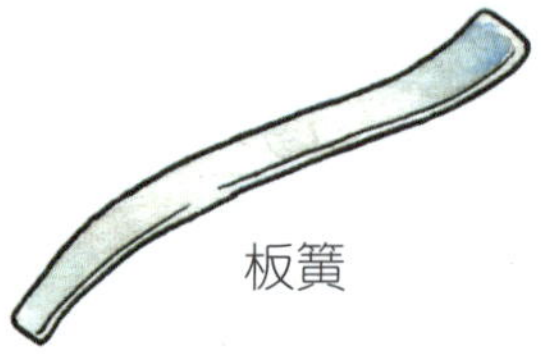

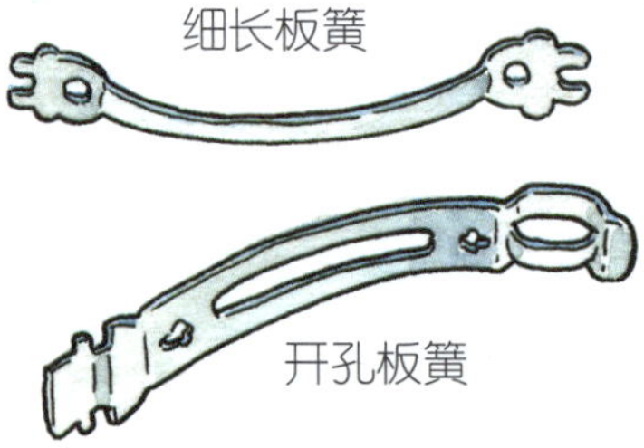

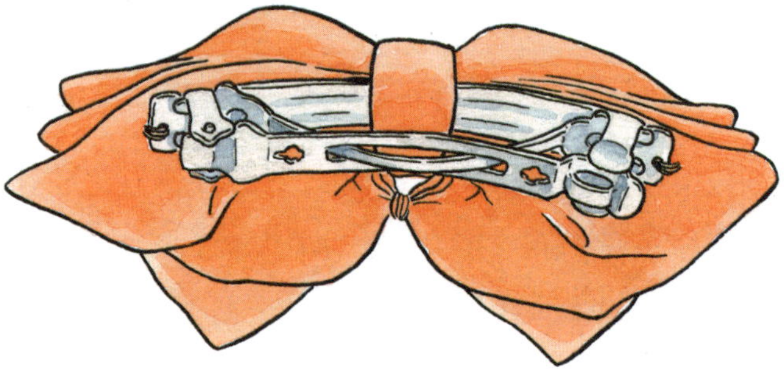

碟簧

“碟簧”状如碟子，中央开孔。“垫圈”和“弹簧垫圈”类似碟簧，但比碟簧更平。用螺钉和螺母固定物体时，往往会在中间夹以碟簧或垫圈。螺钉和螺母始终对碟簧施加适度的压力，从而长期保持紧固状态。

碟簧

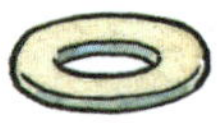
垫圈

弹簧垫圈

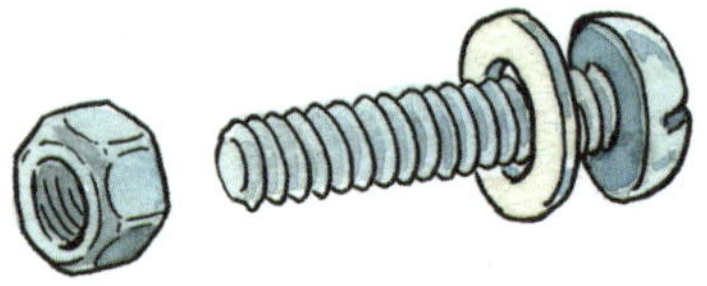
螺钉和螺母。在中间夹以碟簧或垫圈，就能长期保持紧固状态。

弹簧利用的是“弹力”。
弹力是“试图恢复原状的力”，也可称为“回复力”。

盘簧

“盘簧”是卷成螺旋状的窄条薄板，又称“发条弹簧”。老式手表就使用了盘簧，如今它仍被用来制作发条玩具。卷紧的盘簧逐渐放松，就能一点点产生力，使物体移动。

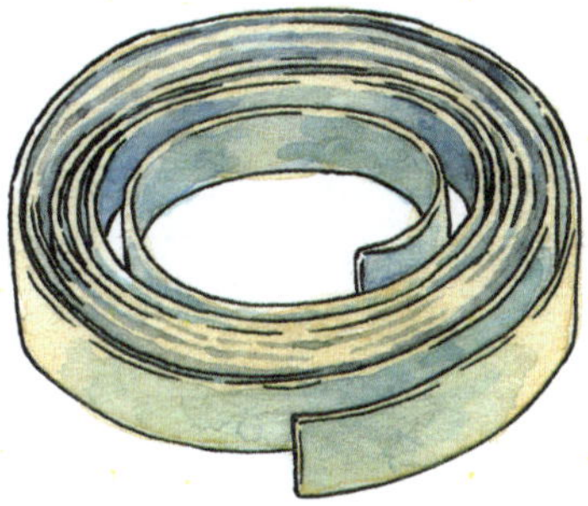

盘簧

螺簧

“螺簧”是卷成线圈状的细金属丝，分为被压缩的“压缩螺簧”和被拉伸的“拉伸螺簧”。

压缩螺簧

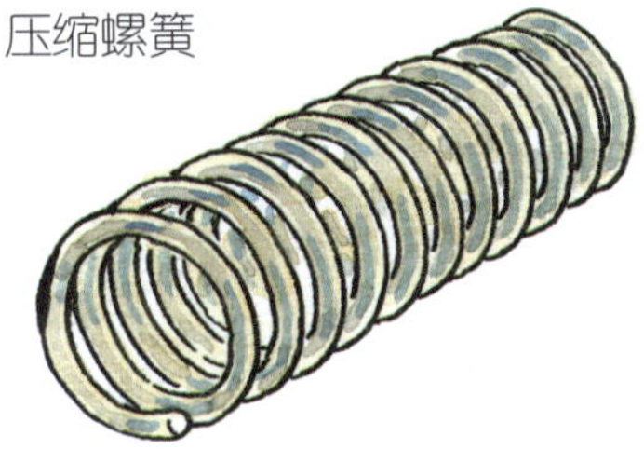

拉伸螺簧

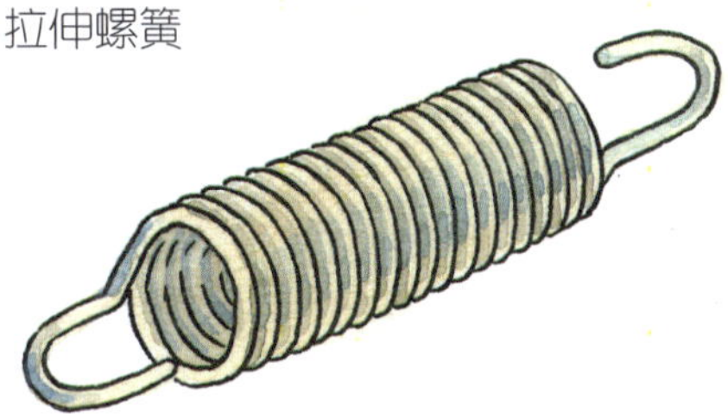

扭簧

“扭簧”以线圈状弹簧的中心为轴扭动。

扭簧

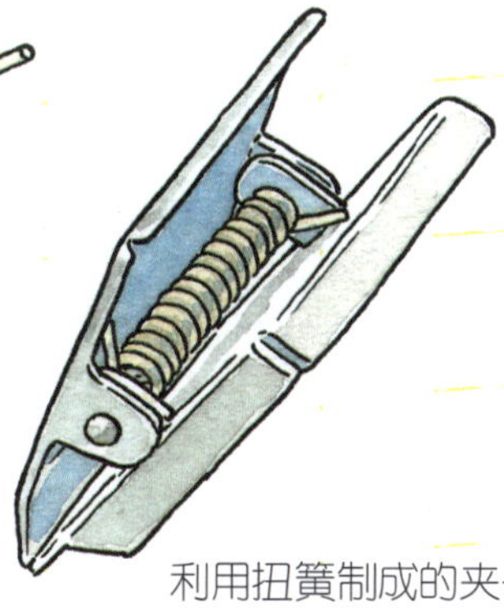

利用扭簧制成的夹子

17 世纪的英国物理学家罗伯特·胡克发现，当弹簧的伸缩量在较小范围内变化时，如果力变成 2 倍，则变化量也是 2 倍。这一性质以发现者的名字命名，称为“胡克定律”。弹簧秤就是利用这一性质来测量力的大小的。

感受浮力

大家不妨试着叉开双腿站在游泳池里，然后缓缓屈膝下蹲。不太容易吧？要想顺利下蹲，下列哪种做法是正确的？

①深吸一口气，捏紧鼻子下蹲。

②深呼一口气，捏紧鼻子下蹲。

深吸一口气后，身体会自然而然地向上漂浮，无法顺利下蹲。

深呼一口气后，不用费劲就能顺利下蹲。

在水中，身体会受到与重力方向相反的浮力的作用。在体重相同的情况下，体积越大，浮力就越大。吸气后身体的体积增大，受到的浮力也会随之增大，因此下蹲自然就变得困难。

浮力与水的反作用力

物体在水中会受到“浮力”的作用。浮力的大小与物体排开的水的重量相等，方向向上。游泳就是利用浮力浮在水中，再通过划动手脚向后推水，使身体受到来自水的“反作用力”，从而推动身体前进。

推动身体前进

人在游泳时用力划动手脚，向后推水，被推的水就会产生一个大小相等、方向相反的反推力——即“反作用力”，从而推动身体前进。

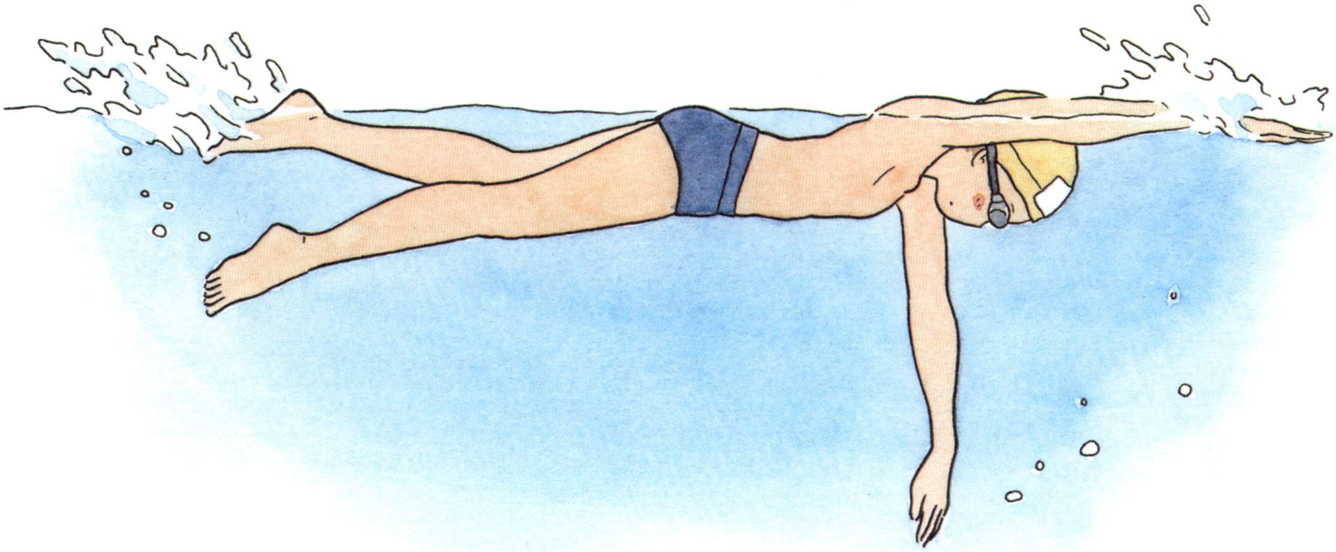

想游得快，首先要具备正确的游泳姿势。

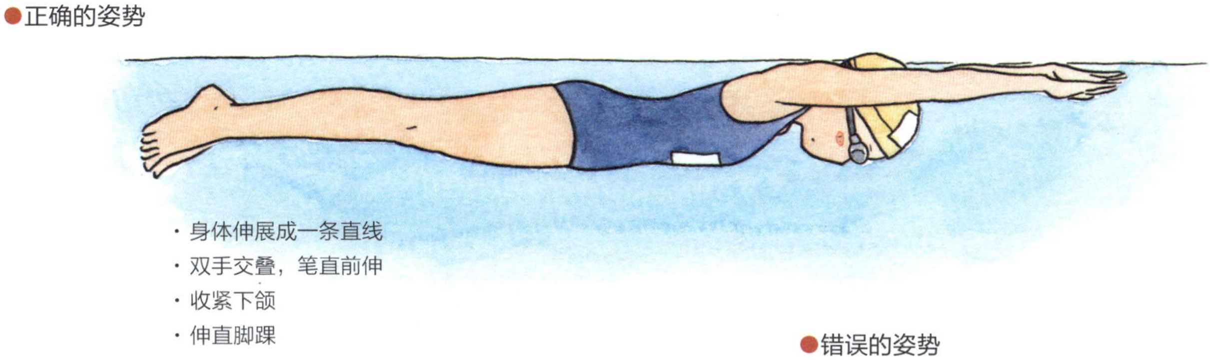

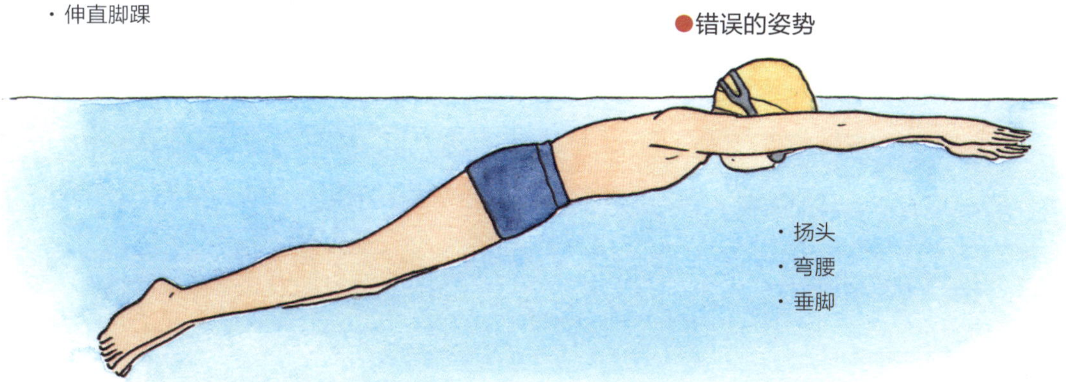

通过图示对比，两种姿势的区别一目了然。错误的姿势会增大水的阻力，需要额外多费力气，所以很容易感觉累。

第2章

风力和水力

天气时而晴朗，时而阴雨。连日大雨会使小河泛滥，台风更能引起海啸，冲毁房屋、堤防和港口。许多自然之力都很强大，只是我们平时很少留意，但人类从很早以前就开始利用大自然的力量来改善生活。这些力量多种多样，我们在本章先来学习风力和水力。

包裹地球的空气

我们置身于空气的包裹之中，空气一直分布到天上很高的地方，而且高度越高，空气就越稀薄。在 10000m 的高空，空气含量大概只有海平面的 1/4，如果不携带氧气瓶，呼吸就会非常困难。

空气要远比我们想象的更重。海平面上 $1m^2$（m^2 是 square meter 的缩写，中文为平方米）面积所受的空气重量约为 10t（t 是 ton 的缩写，中文为吨），称为 1 个大气压（大气压的单位符号 atm 是 atmosphere 的缩写）。高度越高，气压越低，在 30000m 的高空，气压约为海平面的 1/10。

压强的单位是“Pa”（Pa 是 Pasca 的缩写，中文为帕斯卡，简称帕）。用 1N 的力作用在 $1m^2$ 的面积上，就得到 1Pa 的压强。1 个大气压大约为 10 万 Pa。在天气预报中，通常在 Pa 前面加上表示 100 倍的“h”（英文为 hundred），所以 1 个大气压又可表示为 1013hPa。

气压

空气（大气）也有重量，也就是说，空气也要受到向下的重力的作用。“气压（又称大气压）”表示 $1m^2$ 面积所受的空气压力的大小。

被子被压扁

大家不妨把暂时不用的被子叠成 1m^2 大小，装入真空袋里，再用吸尘器抽走内部的空气。我们会发现，被子会被渐渐压扁，最后变得像毛巾一样薄。

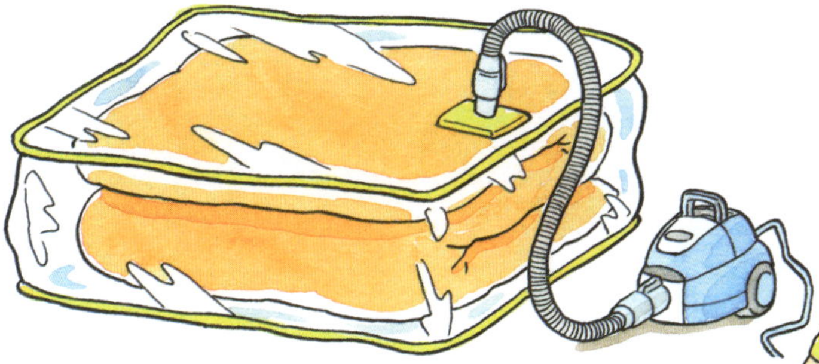

抽走真空袋里的空气，内部压强就会减小。比方说，内部压强比大气压减小 10%，如果真空袋上方需要承受 10t 对应的力，而内部对应的力只有 9t。也就是说，被子需要承受 1t 向下的合力。

这相当于装满水的 1m 深的水槽底部所受的压强，非常沉重，所以被子自然会被压扁。

使用打气筒

使用打气筒给自行车车胎或球打气时，打入的空气越多，车胎或球就会变得越硬。

与上例相反，打入空气后，车胎或球的内部压强增大，就会向外膨胀。如果内部压强达到 3 个大气压（30 万 Pa），车胎或球就会变得非常硬，用手挤压时几乎不会向内凹陷。

高气压和低气压

气压的高低是以 1 个大气压为标准来进行区分的。在海平面上，风会从高气压吹向低气压。高气压时多为晴天，低气压时容易阴雨。

在低气压附近，风从周围吹向中心，形成上升气流。升上高空的空气所受气压降低，就会膨胀，温度降低，空气中的水蒸气冷凝成云，因此容易形成降雨。

相反，在高气压附近，风从中心吹向周围，上方空气下降，形成下降气流，所受气压增高，就会收缩，温度升高，湿度降低，因此容易形成晴天。

上空的气压和温度

高度越高，上方的空气就越少，气压也就越低。在云层所在的 10000m 高度以下，温度也会随着高度的升高而降低。

我们所居住的环境内的天气不仅受到地面因素的影响，还与上空的气压和温度有关。飞在天上的喷气客机就会与地面交流上空的气象信息。

富士山顶（海拔 3776m）的气压约为山脚的 2/3（约 640hPa），温度比山脚降低 25℃（℃是 Celsius 的缩写，中文为摄氏度）。

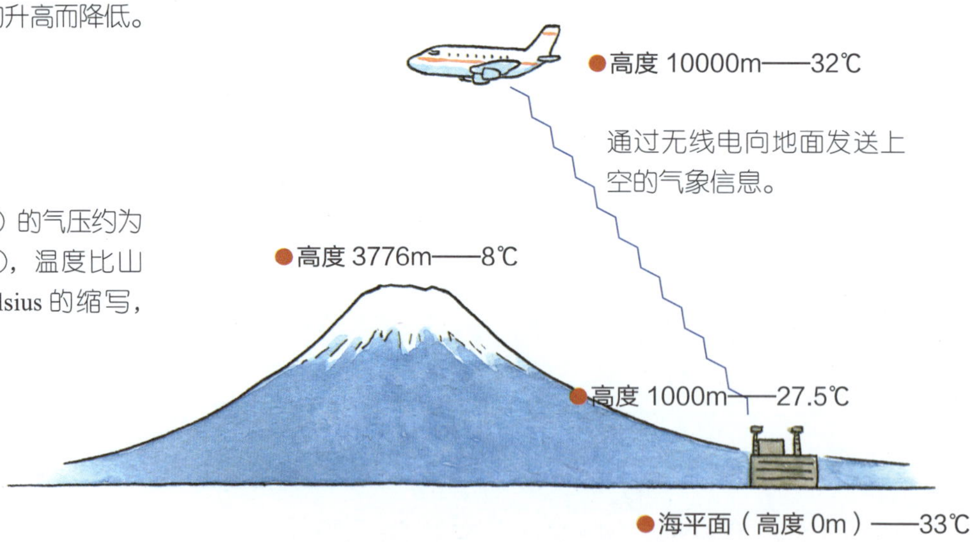

空气受热会变轻，气压降低。
空气受冷会变重，气压升高。

季风

季风的特点是方向随季节而变。在日本冬季，风从大陆一侧吹向太平洋一侧，夏季则从太平洋一侧吹向大陆一侧。

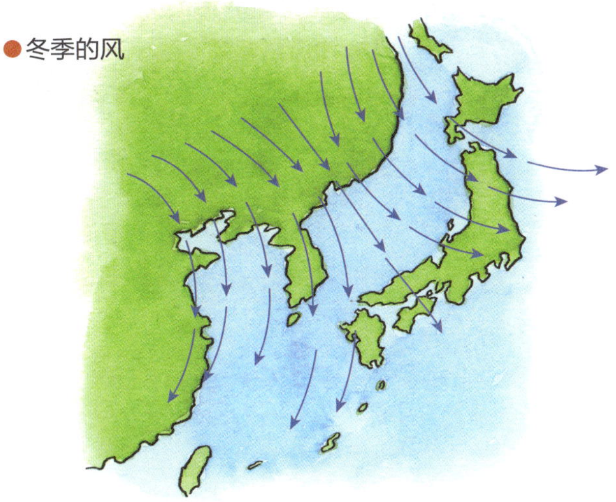

冬季，大陆上空的空气受冷变重，形成高气压。由于海水的温度比陆地高，海面上空的空气变轻，形成低气压。于是，风就从大陆吹向海洋。

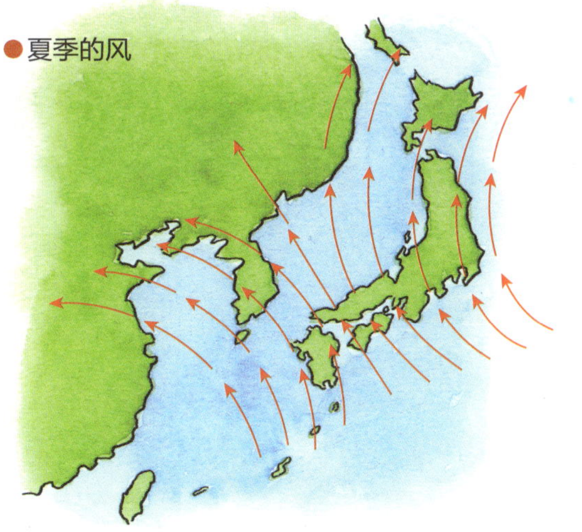

夏季，太平洋上空的空气受冷变重，形成太平洋高气压。由于陆地回暖较快，大陆上空的空气变轻，形成低气压。于是，风就从太平洋一侧吹向大陆一侧。

台风

在赤道附近，当海水温度达到 28℃以上时，蒸发就会加剧，含有大量水蒸气的空气上升，形成低气压。由于空气温度很高，中心的气压逐渐降低，风就会从周围吹向低气压中心，进而形成台风。

由于受到地球自转的影响，在北半球的地面向上看，台风是呈逆时针方向旋转的，而在南半球的地面向上看，台风是呈顺时针方向旋转的。

吹肥皂泡

在没风的时候，肥皂泡不会飞向上空，而是会缓缓下落。
在有风的时候，肥皂泡会飘得很高，甚至可能高过屋檐。
肥皂泡之所以会飞，是因为受到了来自风的推力。

在有风的时候，肥皂泡能飘出很远。

肥皂泡越大，下落速度就越慢。这与空气阻力有关。物体的表面积越大，下落时受到的空气阻力就越大。有时候我们几乎感觉不到风，但实际上，空气仍在不停运动，正是这种运动产生的力推动了肥皂泡。肥皂泡很轻，哪怕是很小的风，也容易受到影响。

在没风的时候，肥皂泡很快就会下落。

风力

在海平面的高度，1m³（m³ 是 cubic meter 的缩写，中文为立方米）体积内有 1.2kg 的空气。风是由空气运动产生的，空气的运动速度越快，物体的接触面积越大，受到的风力就越大。

测量风的速度（强度）

风的速度（强度）可以通过周围物体所受的风力来表示。

风的强度（风速）	周围物体的状态
2m/s	脸部感觉有风　肥皂泡被吹上屋檐　树叶被吹动
6m/s	沙尘和纸屑被吹起　小树枝被吹动
12m/s	伞难以撑开　电线抖动　大树枝被吹动
16m/s	迎风行走困难　整棵树被吹动
26m/s	房屋受毁　树被刮倒

●风速的表示方法

例如，“16m/s”表示“风每秒前进16m”。换算成时速，就是16（m/s）×3600（s/h）=57600（m/h）=57.6（km/h）。这个速度很快，大概相当于汽车的行驶速度。

注：s是second的缩写，中文为秒。h是hour的缩写，中文为小时。km是kilometer的缩写，中文为千米。

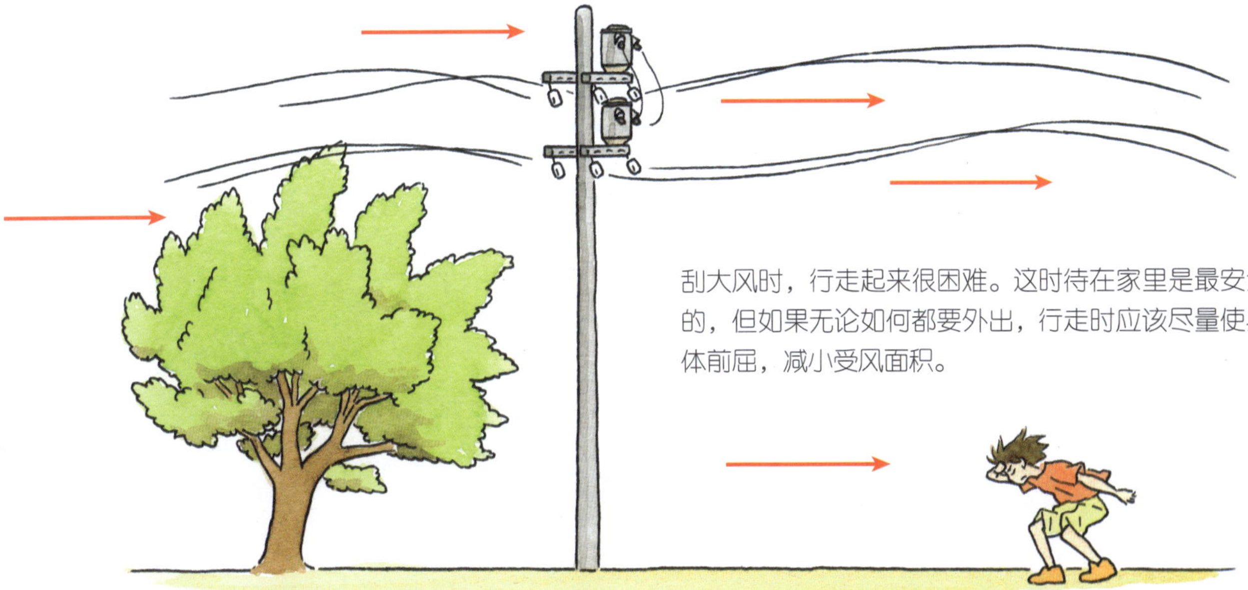

刮大风时，行走起来很困难。这时待在家里是最安全的，但如果无论如何都要外出，行走时应该尽量使身体前屈，减小受风面积。

吹动帆船前进的风力

风力要远比我们想象的更大，只要加以灵活利用，哪怕是承载数百名乘客的大型帆船，也能在风的吹动下顺利前进。

风帆冲浪

风帆冲浪使用的工具是带帆的帆板，类似帆船和冲浪板的结合体。利用帆在风的作用下受到的升力和滑下海浪斜面时受到的推力，就能在水面上快速滑行。

帆船

帆船是通过挂在桅杆上的巨大的帆来利用风力前进的，前进方向由帆的角度和舵决定。帆的角度可以调整，即使受到很小的风或来自正面的风，也能顺利前进。另外，帆的重心位置经过精心设计，即使遭遇强风也不会被刮倒，而且就算被刮倒，也能自动重新挂起。

小船配小帆，大船配大帆。帆如果过大，承受的风力就会过大。另外还要注意受风角度，如果风向与前进方向垂直，就有可能翻船。

帆船是通过帆来利用风力前进的。只要仔细调整帆的角度，即使风从正面吹来，也能顺利前进。

大型帆船

哪怕是如此巨大的帆船，只靠风力也能前进。通过挂在四根桅杆上的帆和桅杆之间的三角帆承受风力，就能驶遍全世界的各片海洋。

在蒸汽机和汽油发动机尚未得到普遍应用的 200 年前，世界上的大型船只几乎都是利用风力驱动的帆船。即使到了今天，帆船仍未退出历史舞台。日本的大型帆船“日本丸 II 世”和“海王丸 II 世”长达 110m，重达 2500t。

吹动风车旋转的风力

顾名思义，风车是利用风力来使叶片旋转的。用于风力发电的风车利用的也是同一原理。

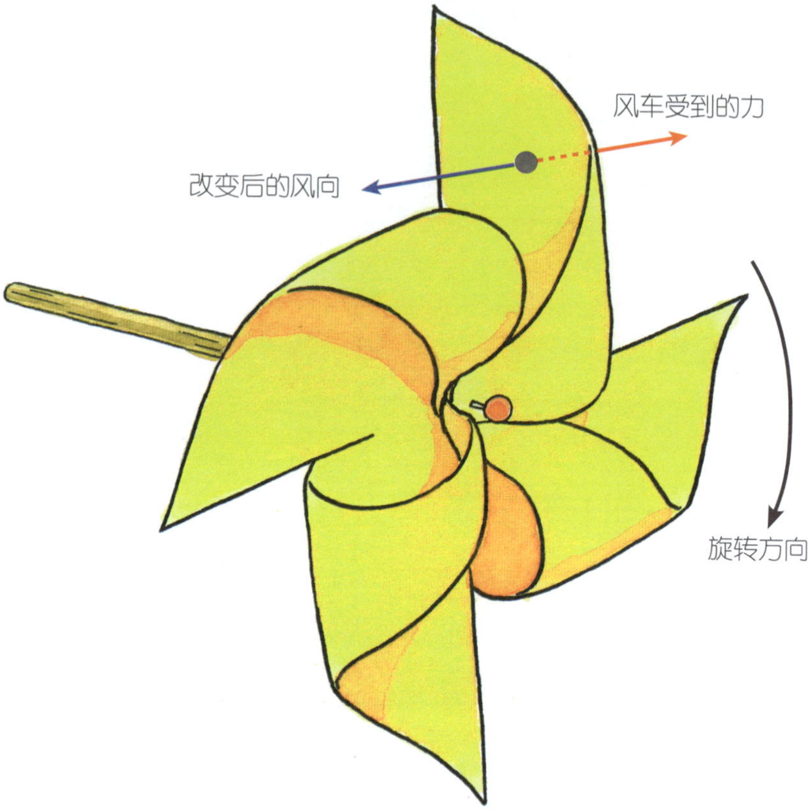

风车旋转

风接触风车的叶片后会改变方向，产生一个与改变后的风向方向相反的力，从而推动叶片旋转。

折纸制成的风车

1

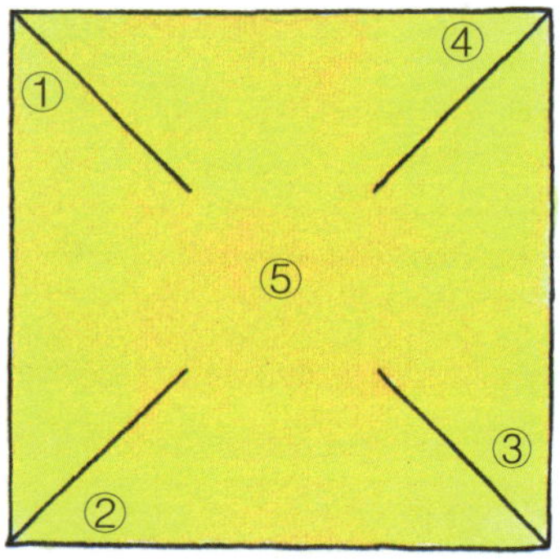

用剪刀分别从折纸的四个角向中心剪开（中心部位留下约 1/3 不要剪断）。

2

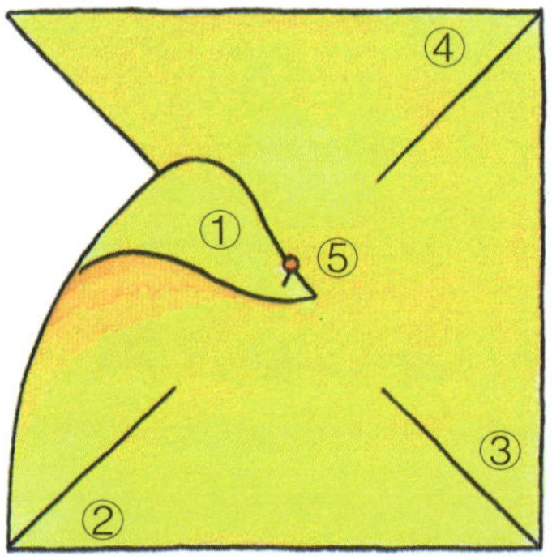

将①②③④四个角折向中心，用大头针穿过中心点⑤来进行固定。

3

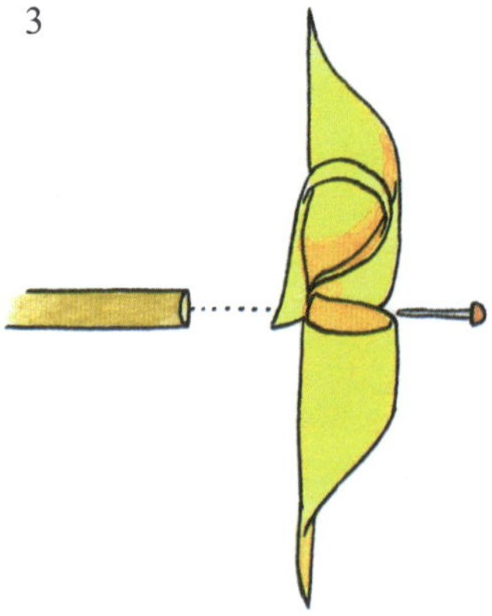

再将大头针固定在木棒顶端，风车就做好了。

风力发电

风力发电利用的是风车的原理。在理想的风力下，一台大型风力发电机平均能够发出 5000 户家庭所用的电量。

●风车叶片旋转时尖端会形成一个圆，不同的风车形成的圆的直径不同

海上的大型风车为 115m（2005 年）

很久以前的风车为 20m（1985 年）

机舱内装有加速装置（加速机）和发电机，能使叶片传回的转动加速，再转化为电能。

叶片的角度是可变的，风小时可以增大叶片的受风角度，风大时可以减小叶片的受风角度。

叶片的截面与风

观察叶片的截面可以发现，叶片一端较厚，另一端呈较薄的流线型。这种翼型形状能使吹向叶片的风和叶片后面的气流同时成为推动叶片旋转的良性动力。

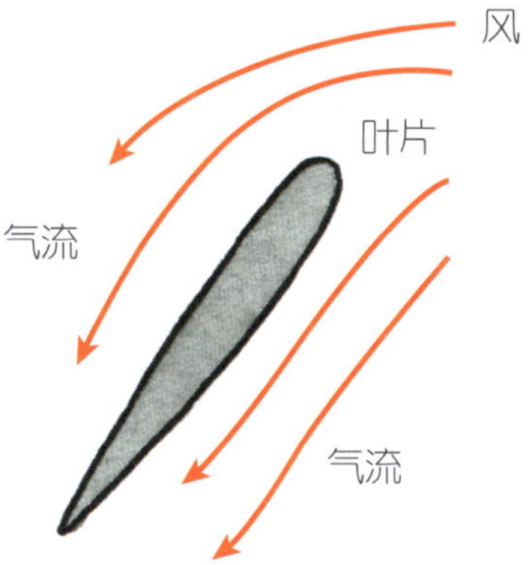

叶片的截面呈流线型，能够减小旋转时的空气阻力。

无论小风车还是大型风力发电机，都是利用风力来驱动的。

风不仅能够推动物体，还能吹动风车旋转。

竹蜻蜓的原理

竹蜻蜓在旋转时，叶片向下推动空气，就会产生向上的反作用力，推动竹蜻蜓升空。

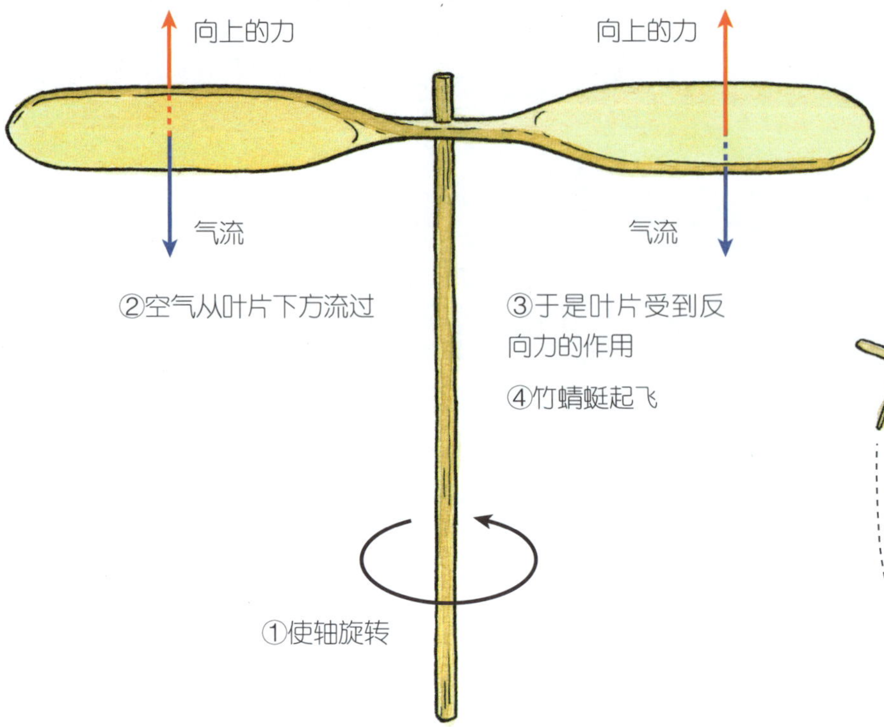

竹蜻蜓要想顺利升空，轴的旋转方向至关重要。如果方向相反，叶片所受的气流方向也会相反，那样就会“向下飞”了。

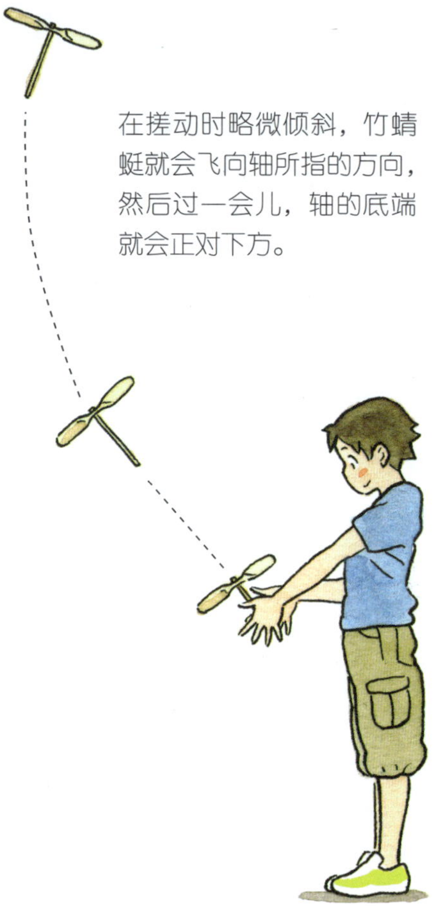

在搓动时略微倾斜，竹蜻蜓就会飞向轴所指的方向，然后过一会儿，轴的底端就会正对下方。

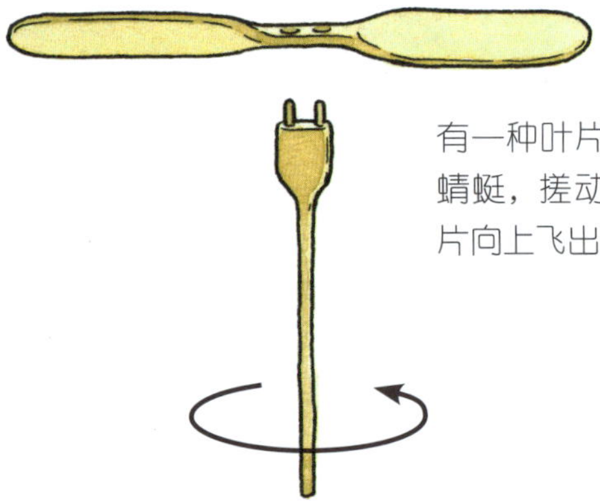

有一种叶片和轴分体的竹蜻蜓，搓动轴后，只有叶片向上飞出。

作用在螺旋桨上的升力

螺旋桨在旋转时向下推动空气，就会受到向上的反作用力（升力）。竹蜻蜓和直升机的原理相同，之所以能浮在空中，都是因为受到了“升力”的作用。

直升机——“大型竹蜻蜓”

直升机通过发动机驱动旋翼旋转，向下推动空气，利用产生的升力浮在空中。其原理与竹蜻蜓是一样的。

如果向下推动空气时产生的升力大于直升机的重量（即重力），直升机就会上升。如果升力与重力相等，直升机就会静止（悬停）在空中。直升机最便利的优点就是可以静止在空中，卸载或吊起人或货物。

如果只有一个旋翼，机身就会在旋翼的带动下一同旋转。为了避免出现这种情况，机尾都会安装一个垂直的小旋翼，施加反向的力，防止机身旋转。

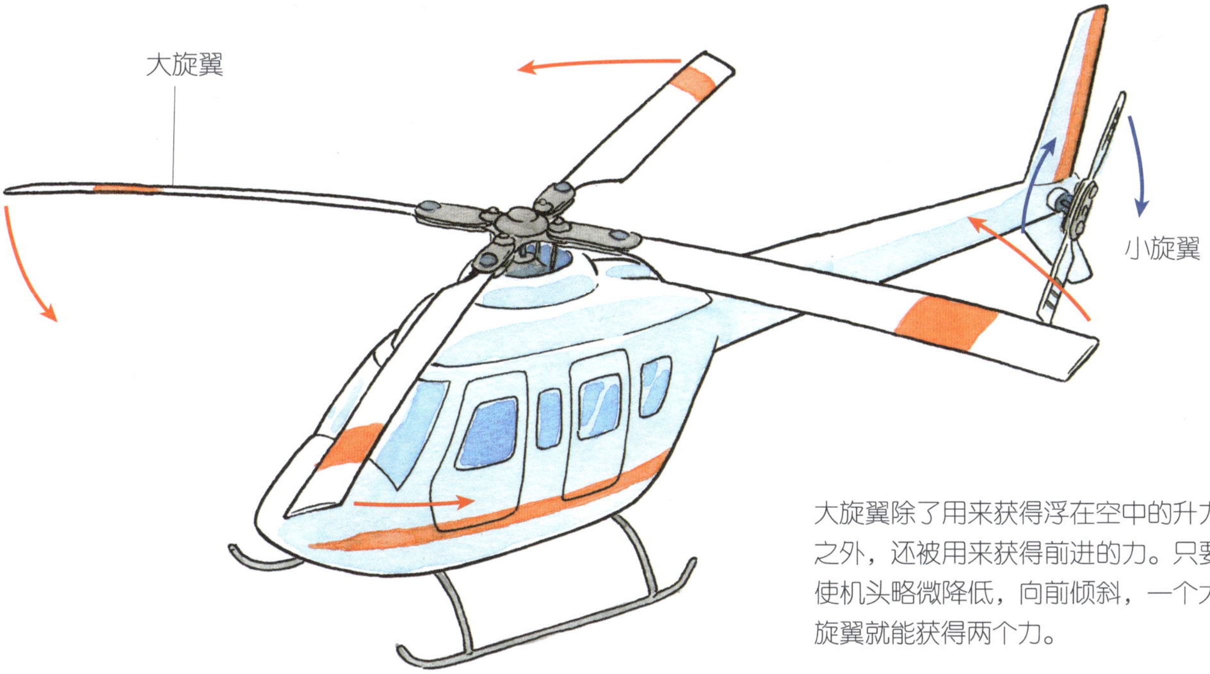

大旋翼除了用来获得浮在空中的升力之外，还被用来获得前进的力。只要使机头略微降低，向前倾斜，一个大旋翼就能获得两个力。

防止机身旋转

有些直升机如下图所示，具有大小相同、转向相反的两个旋翼。如此一来，就能防止机身旋转。

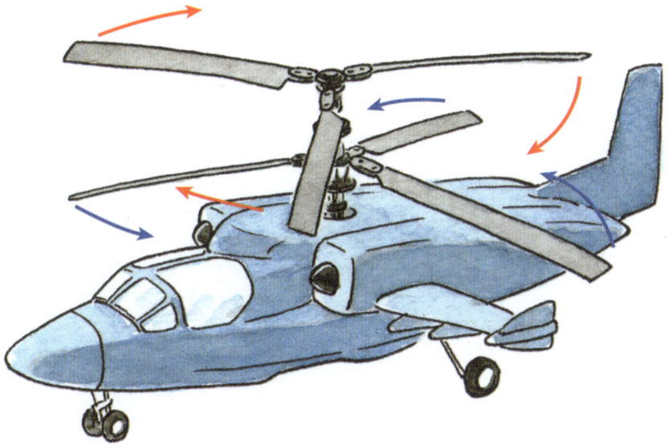

两个旋翼上下排列，转向相反。

两个旋翼前后排列，转向相反。

作用在飞机上的力

当飞机在同一高度匀速飞行时，力的关系如下所示。

●前进的力（推力）与空气阻力方向相反，大小相等。

●机翼受到的向上的力（升力）与飞机的重量（重力）方向相反，大小相等。

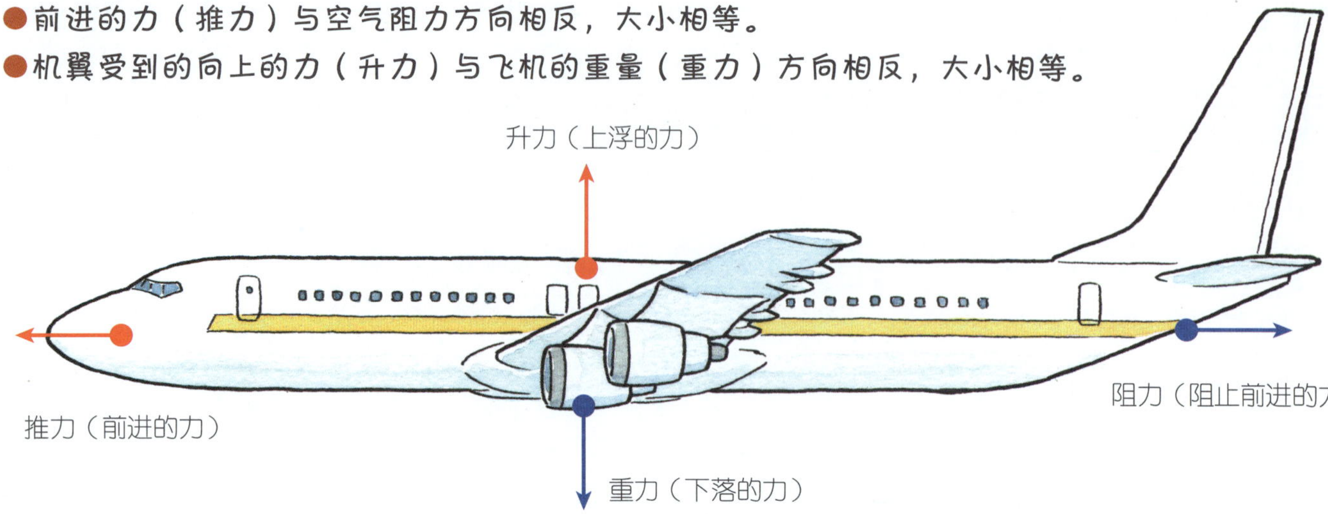

飞机的“推力”与空气的“阻力”、产生的“升力”与飞机的重量（“重力”）分别达成平衡，飞机就能以恒定的速度在同一高度飞行。

使沉重的机身上浮的力

从侧面看，主翼呈流线型，能够减小空气阻力，而且上下表面的曲线弯曲程度不同。机翼将前方气流分成上下两部分，流经曲线更弯曲的机翼上表面的风速更快，而空气具有“流速越快，压力越小”的性质，所以机翼的上下表面之间就形成了压力差，压力高的下表面对压力低的上表面施加向上的力，将机翼托起。

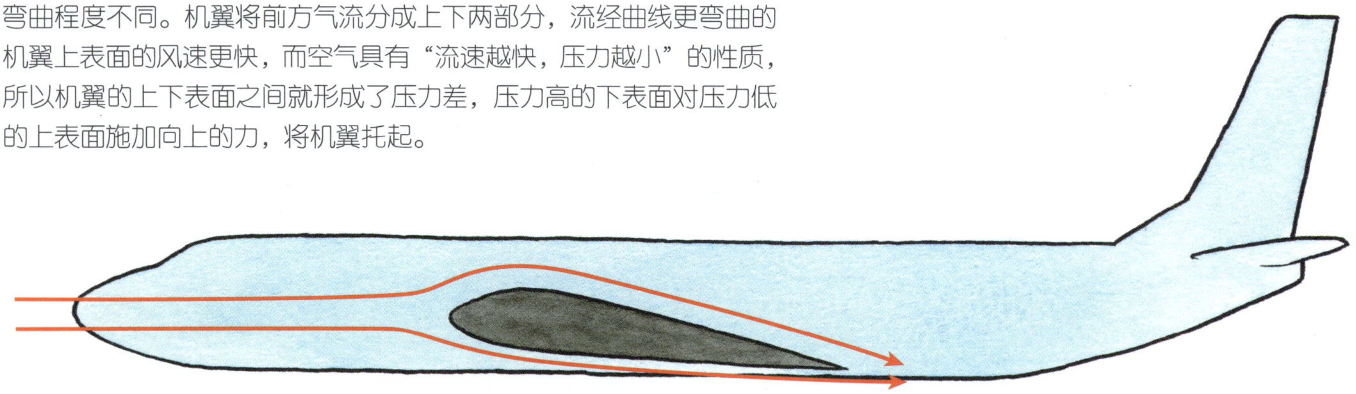

而且，机翼尾部略微向下倾斜，接触机翼的气流也会向下，从而产生反作用力，将机翼向上托举。

作用在飞机上的升力

沉重的飞机之所以能在空中飞行，有两个力功不可没。一是接触机翼的气流产生的“压力差”，二是倾斜的机翼向下推动空气产生的反作用力。这两种力共同形成了巨大的“升力”。

前进的力

螺旋桨飞机是利用螺旋桨的旋转，通过向后送风来获得推力的。喷气式飞机则使用了更加强大的发动机，通过向后喷出高温、高速的气体来获得推力。

●螺旋桨发动机

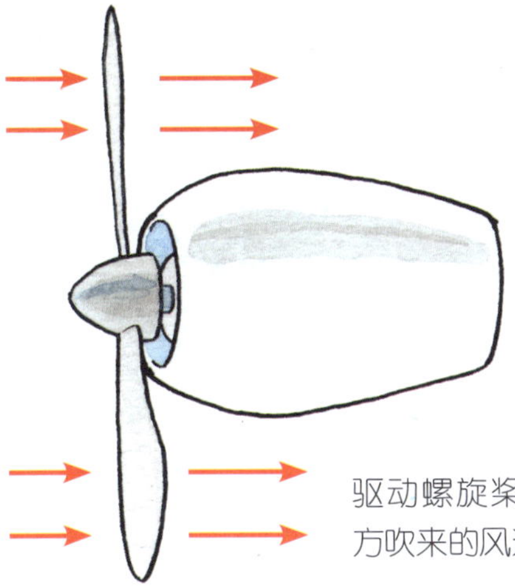

驱动螺旋桨旋转，将前方吹来的风送向后方。

●喷气发动机

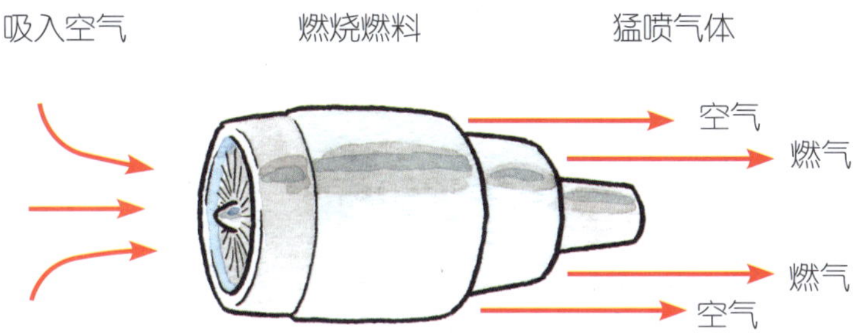

关于“喷气发动机”的结构，请参照第 116 页。

利用气流

不同于在陆地上行驶的汽车，在空中飞行的飞机并没有作为标准的道路，所以在驾驶时需要注意很多问题。为此，前后机翼均设有若干装置，其作用关系到保持机身水平、确定前进方向、上升或下降等驾驶的方方面面，工作原理则是利用了飞机承受的风（气流）。

●主翼

主翼最大的作用是获得使沉重机身上浮的升力，其次还能维持平衡，防止飞机倾斜。

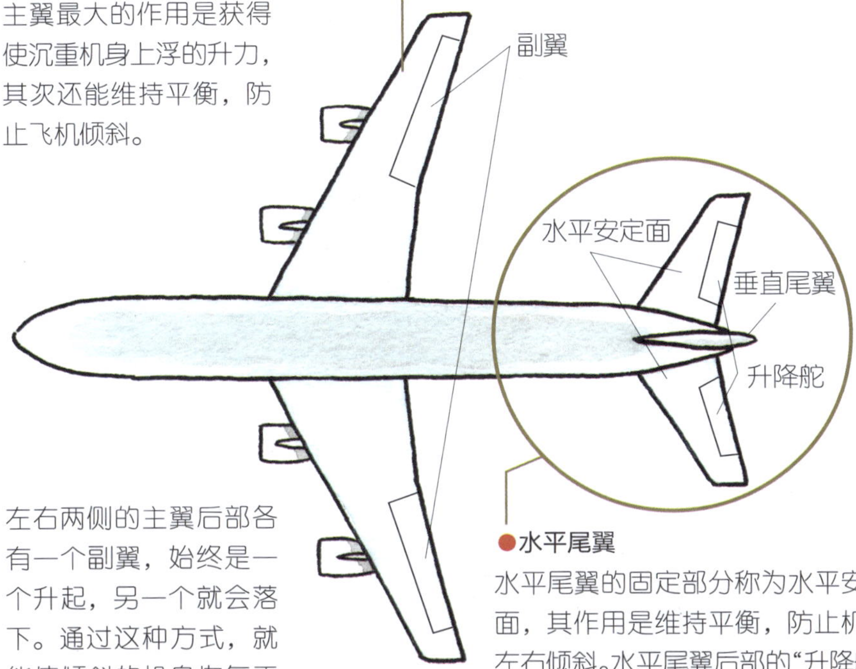

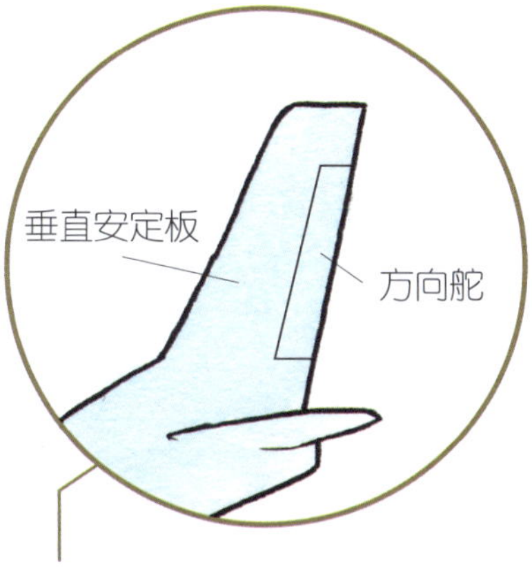

左右两侧的主翼后部各有一个副翼，始终是一个升起，另一个就会落下。通过这种方式，就能使倾斜的机身恢复正确的方向。

●水平尾翼

水平尾翼的固定部分称为水平安定面，其作用是维持平衡，防止机身左右倾斜。水平尾翼后部的“升降舵”与驾驶席的操纵杆联动，其作用是调整机头的俯仰角度（飞机的上升和下降）。

●垂直尾翼

垂直尾翼的固定部分称为垂直安定板，其作用是维持平衡，防止机身侧滑。垂直尾翼后部的“方向舵”与驾驶席的操纵杆联动，其作用是调整机头的方向（飞机的前进方向）。

作用在气球上的浮力

充满氦气的橡胶气球，松开手就会飞向高空。

$1m^3$ 的空气重约 1.2kg，相比之下，氦气要轻得多。在相同体积下，如果把空气的重量设为 1，氦气就只有 0.14，约为空气的 1/7。橡胶气球的重量和内部氦气的重量加在一起，也要小于橡胶气球排开的空气的重量，所以气球会飘向高空。

飞艇——巨型气球

飞艇其实就是巨大的橡胶气球，上面装有发动机，利用螺旋桨前进。

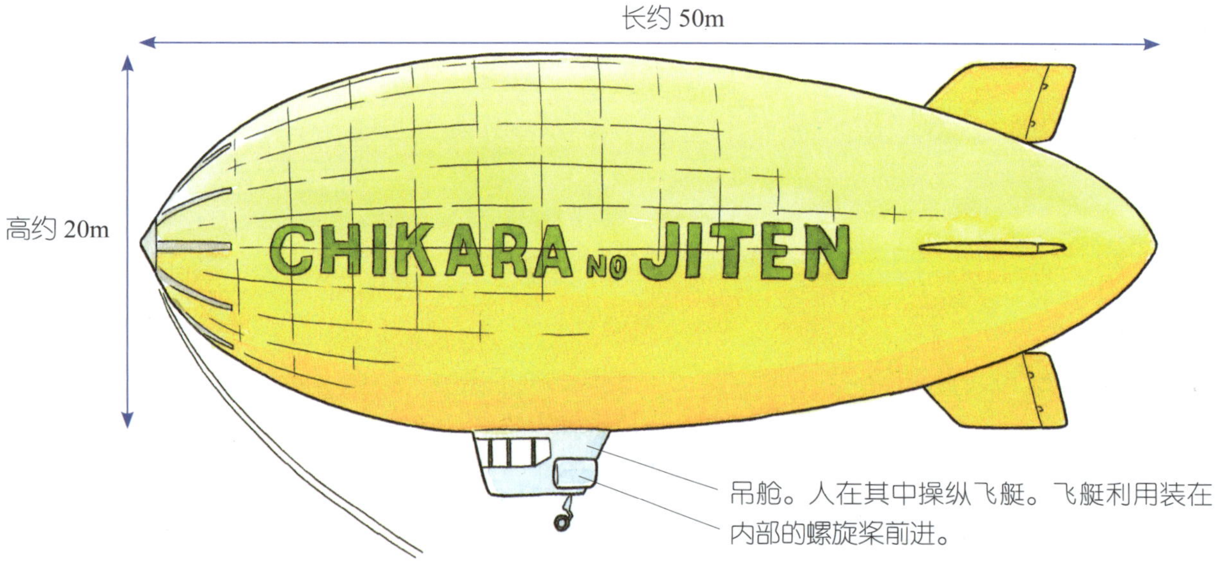

很多飞艇十分巨大，堪比一栋房屋，可搭载约 10 人，利用螺旋桨的旋转前进。大型飞艇呈流线型，能够减小空气阻力，但即便如此，过于巨大的体型也很容易受到来自风的阻力，被吹得偏离航向。因此，飞艇的航行最好选在无风的日子进行。

空气的浮力

空气也会产生“浮力”。空气的浮力与物体排开的空气重量大小相等，方向相反。例如，人类乘坐巨型气球，就能利用其受到的浮力上天遨游。

作用在热气球上的浮力

希望降低高度时，可以释放部分空气，减小浮力。热气球的最顶部装有排气阀。

向尼龙布制成的大口袋里充入热空气，使其充分膨胀，就成了热气球。巨大的热气球排开周围的冷空气，会受到与冷空气重量相等的浮力。由于热空气比冷空气略轻，所以浮力会比热气球的整体重量（气球的材料、内部的热空气、载人吊篮、燃烧器等重量的总和）更大，气球就会飞向天空。

用尼龙布拼接缝制而成的大口袋。直径可达 15m 左右。

热气球上并未安装用来前进的螺旋桨等装置，所以水平方向的移动需要借助风力。风的方向和大小会随高度发生变化，因此可一边调整高度，一边寻找方向合适的风。

燃烧液化石油气，向上方的气球里充入热空气。

人类第一次飞上天空

人类第一次飞上天空，使用的就是热气球。法国人蒙特哥菲尔兄弟看见晾干的衣物被壁炉里的热气吹飞，就发明了热气球。他们反复进行实验，先后用纸、丝绸、麻布等材料制成口袋，充入壁炉生成的热烟。1783 年 9 月 19 日，蒙特哥菲尔兄弟来到凡尔赛宫，在国王面前放飞了一个载有动物的热气球。同年 11 月 21 日，他们又进行了载人实验，搭载两名乘客的热气球在 90m 的空中飞行了 25min（min 是 minute 的缩写，中文为分钟），飞行距离近 9km。

热气球一边飞行，一边从下部的排气口喷出充入的烟。蒙特哥菲尔兄弟当时并不知道使口袋升空的是热空气，而以为燃烧生成的烟里含有某种能使物体升空的成分。

水的深度与压强

水的深度为 2 倍时，水的压强也是 2 倍。在静止的水中，任意一点都会受到来自四面八方的大小相等的压强，所以同一点在任何方向上的水压大小都是相等的。

需要注意的是，水面还会受到大气压的作用，在计算时不可忽略。

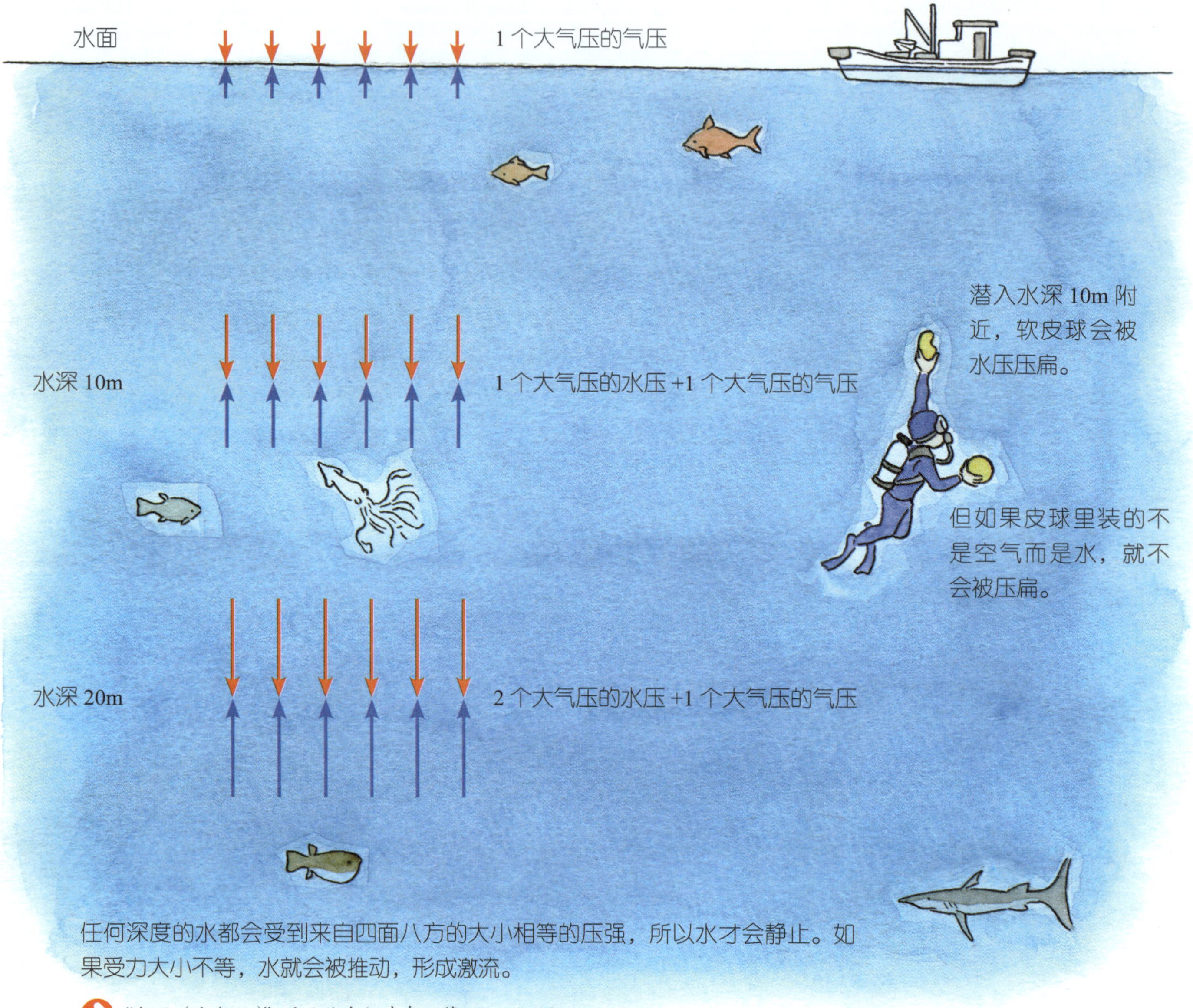

"气压（大气压）"的具体介绍请参照第 52 ～ 55 页。

水的压强

在静止的水中，任意一点所受压强是该点到水面之间的水的重量带来的压强与水面上方的空气重量带来的压强之和。如果只计算水的压强而不计入空气重量带来的压强，就称为"水压"或"静水压"。

将旧皮球浸入水中

大家也许能在玩具箱的角落里找到旧皮球，虽然没有破洞，但有些软绵绵的，有的地方甚至已经凹陷了下去。把球握在手心里，浸入浴缸的水中就会发现，球有上浮的趋势，而且浸入越深就越难控制。

如果把球强行按在水中，起初凹陷的地方会变得更加凹陷，而且浸入越深就越严重。

“观察”水的压强

利用身边的物品，很容易就能进行观察水压的实验。例如，可以在塑料瓶的侧面开两个高度不同的孔，装满水后举高就会发现，下方的孔由于水压高，喷出的水流又急又远，而上方的孔水压低，喷出的水流又慢又近。

拧下瓶盖。

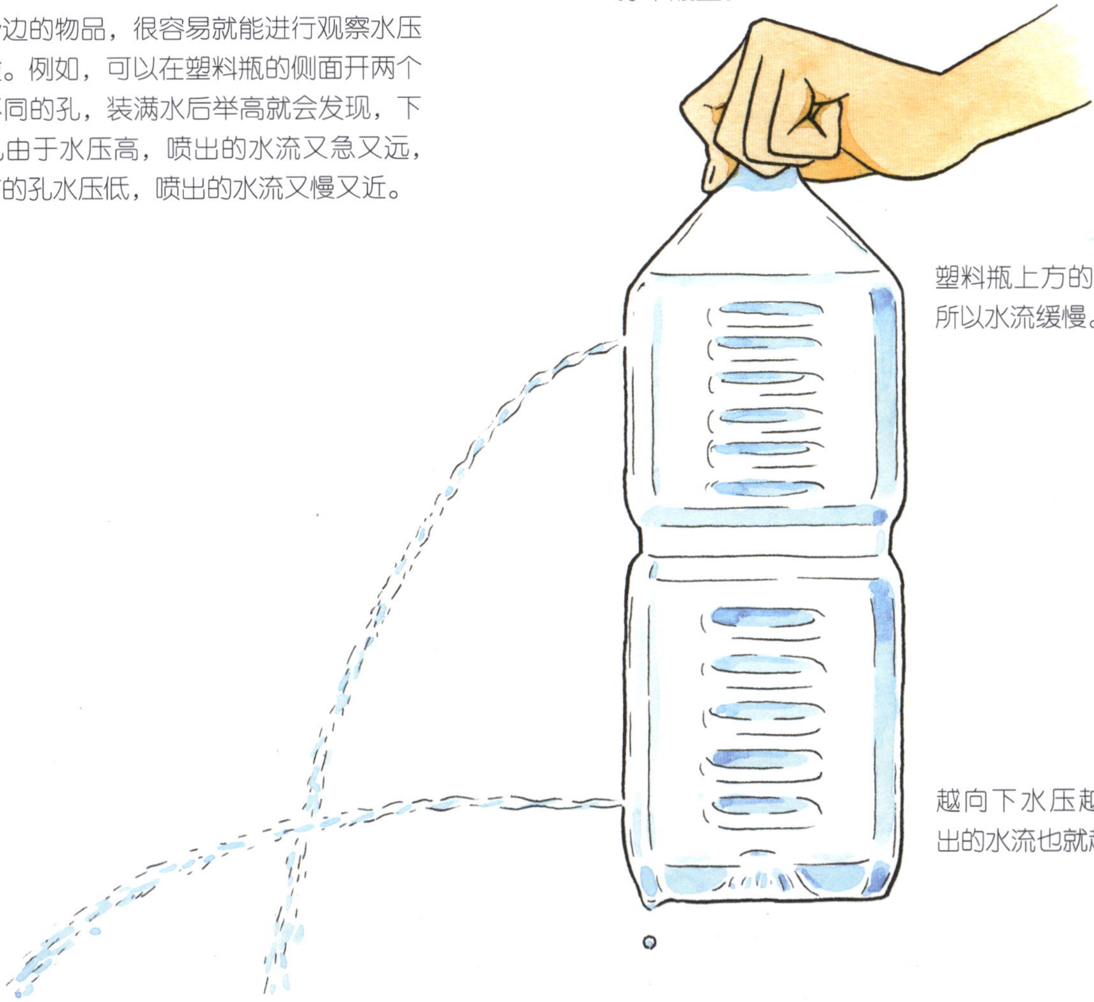

塑料瓶上方的水压低，所以水流缓慢。

越向下水压越高，喷出的水流也就越急。

作用在深海调查船上的力

深海底部压强巨大，要想安全地潜入深海，需要使用足以抵抗水压的坚固装置。

探索海洋之谜的“深海 6500”

“深海 6500”是目前世界上下潜深度最深的深海调查船（可载人下潜至 6500m 的深度），用于地球构造、地球历史、海底热水、海底资源、深海生物等研究工作。

直径 2m 的钛合金球舱。内部为 1 个大气压，可搭载 3 人。

压载舱
下潜时从此处进水，在上浮时排水。

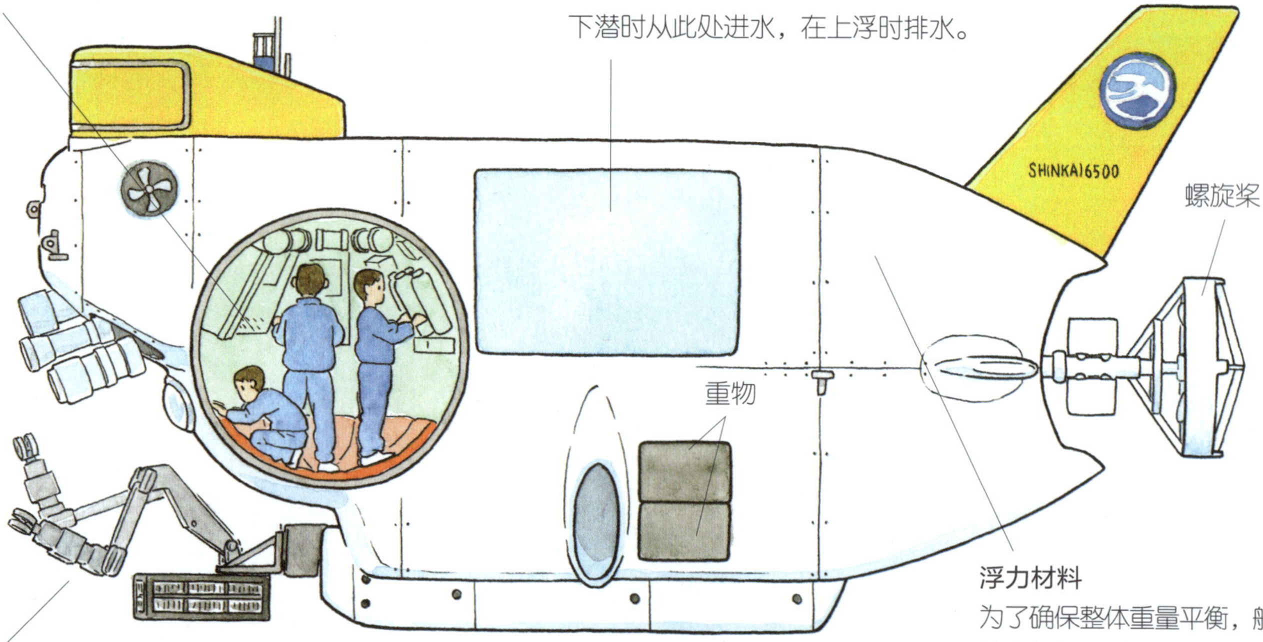

浮力材料
为了确保整体重量平衡，船体中加入了浮力材料。这种材料比海水轻，而且具有很高的强度。

机械臂
用于采集深海生物和海底岩石。

搭载 3 人的控制舱是直径 2m 的球体，表面由 73.5mm 厚的钛合金制成，足以抵抗 680 个大气压的压强。

通过窥视孔观察外部情况。

球舱内部始终维持 1 个大气压。如果内部气压和外部水压一样，人会被压扁。

在海水中，深度每增加 10m，水压就会增加约 1 个大气压。在 6500m 的深度，会受到来自四面八方的高达 680 个大气压的压强。

向压载舱里注水并装载重物，使船的重量大于浮力，船就会以每分钟约 40m 的速度下沉。如果卸掉重物，浮力就会大于船的重量，使船上浮。

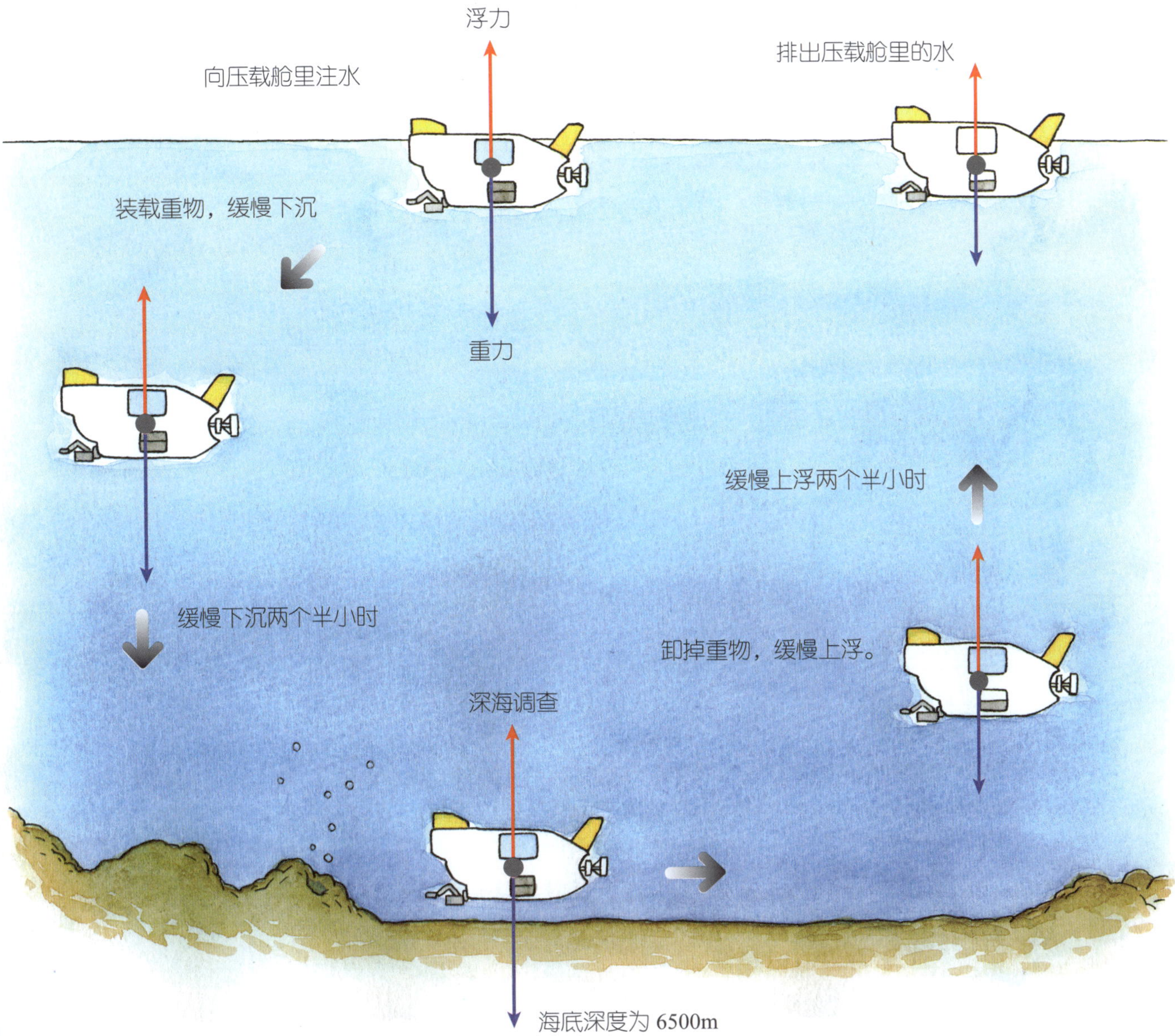

作用在船上的波浪力

汹涌的波浪不仅会使船上下左右摇晃，还会对接触波浪的部位施加巨大的浮力。因此，在造船时需要设法抵抗这些力的作用。

浮力
重力

纵摇

船首和船尾交互上下。

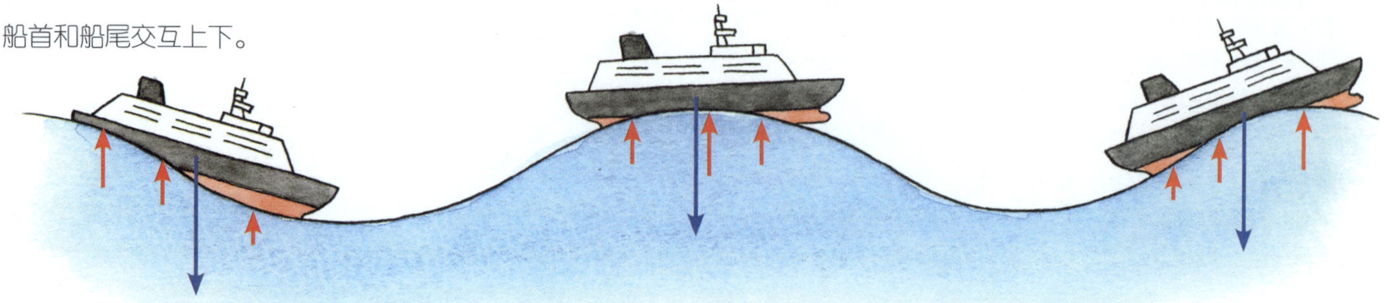

横摇

横向摇动。

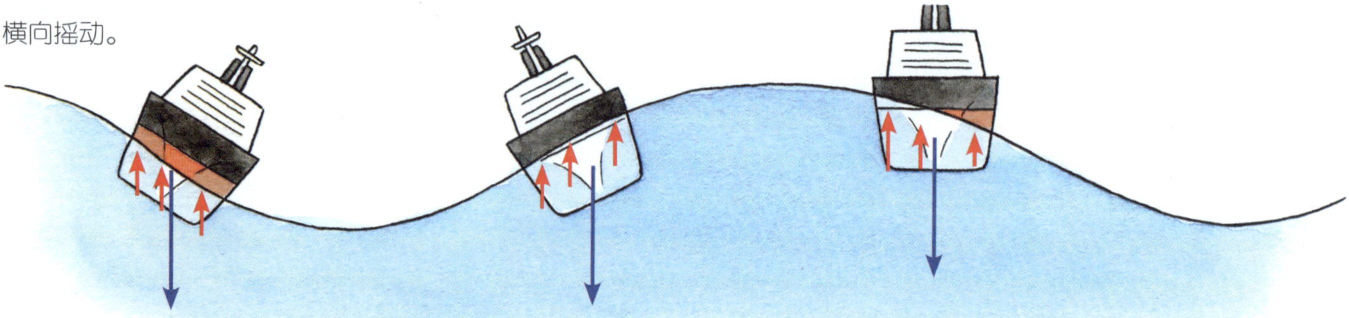

当船的两端受到大浪的作用时，整艘船会被托起，此时只有两端受到浮力，中部则会受到使船折断的力。当船的中部受到大浪的作用时，同样只有这部分受到浮力。

波浪力

强风会使海上形成巨大的波浪，对船施加巨大的力，即使是很重的船也会摇动。还有海底地震造成的海啸，波幅极大，一旦冲上海岸，就会造成巨大损失。作为新能源，利用波浪力的“波力发电”近年来备受瞩目。

地震和海啸

被称为“板块”的海底岩盖发生剧烈变化，造成海底地震，就会引发海啸。

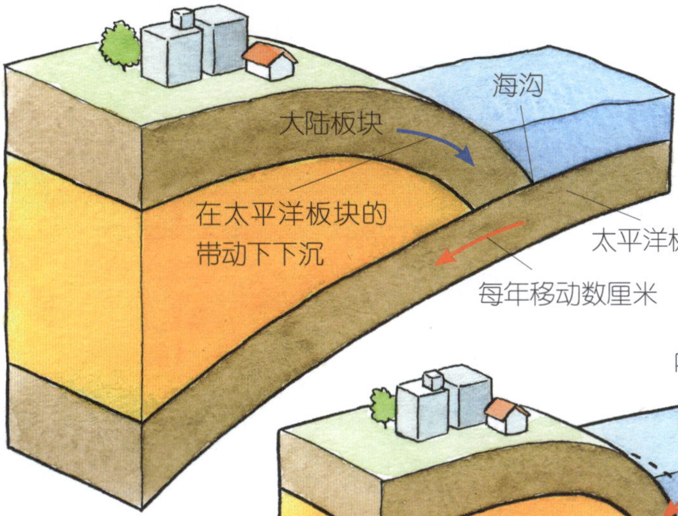

被称为“太平洋板块”的太平洋海底岩盖（海洋板块）正以每年数厘米的速度向日本靠近。在太平洋板块插入大陆板块底部的位置，海水很深。在下沉的太平洋板块的带动下，大陆板块的前端也在下沉，经过漫长的岁月变得弯曲内凹，一旦上弹，就会造成巨大的海沟型地震，震动传至正上方的海水，就会引发海啸。

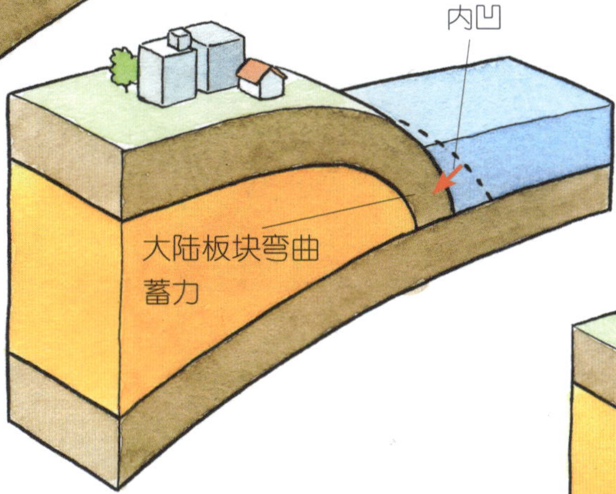

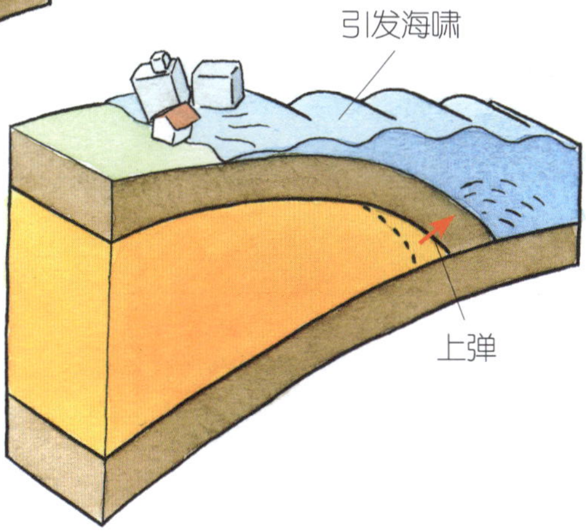

海啸的波幅（波长）极大，在海岸附近看去，就像海面隆起很高一样，大量海水形成滔天巨浪，势不可当地涌入陆地，造成严重破坏。

波力发电

波浪的上下运动和水平运动可以用来发电。现在，用来标示航路的浮标就使用了 100W（W 是 watt 的缩写，中文为瓦特，简称“瓦”）的波力发电机作为电源。

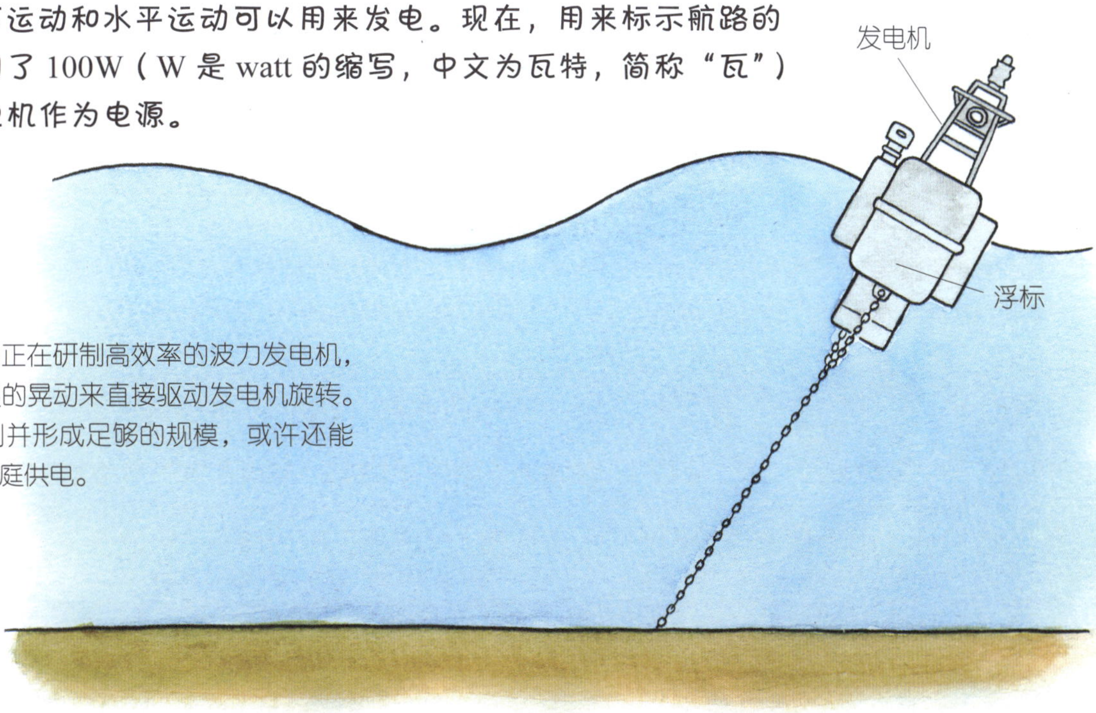

最近，科学家正在研制高效率的波力发电机，试图利用波浪的晃动来直接驱动发电机旋转。如果研发顺利并形成足够的规模，或许还能用来为普通家庭供电。

用水管浇水

帮父母给院子里的花草浇水时，只要稍微用些技巧，就能使水喷到很远的地方。

在通常状态下，水管里的水喷不远，但如果用指尖捏住管口使其变窄，水管就会变硬，管内水压增大，水就能喷得很远。

在通常状态下按压，会发现水管很软。

用手指堵住管口后再按压，就会发现水管变硬。

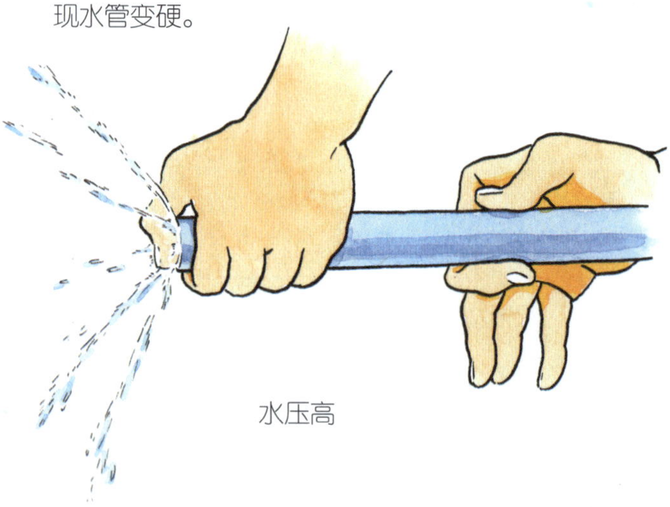

喷水的力

出口的水压越高，水就喷得越远。细管里流动的水在摩擦力（由于水略带“黏性”而产生的阻力）的作用下，水压降低，所以喷不远。用手指堵住管口时，水流变慢，水压几乎不再降低，水就会从管口急剧喷出。

使喷泉的水喷高

怎样才能使公园里的喷泉喷得更高？

要想使喷泉的水喷高，有两个方法。一是如右图所示，把水蓄积在位于高处的贮水槽中，然后令其一齐下落，利用水自身的压强（水压）使水喷高。二是如下图所示，利用泵来增大水压，流经粗大的管道，抵达十分窄小的出口部位时，就会在高水压的推动下把水喷高。

这种方法虽然原理简单，但不仅需要把水吸到高处，而且需要大型设备贮存这些水。

这种方法并不需要大型设备，但需要利用电力来驱动泵。

受到摩擦力的影响

水管中的水流会受到与流动方向相反的摩擦力，水压逐渐降低。在同等大小的压强下，水管越细，长度越长，摩擦力就越大，导致出口处的压强降低，水流就很缓慢。

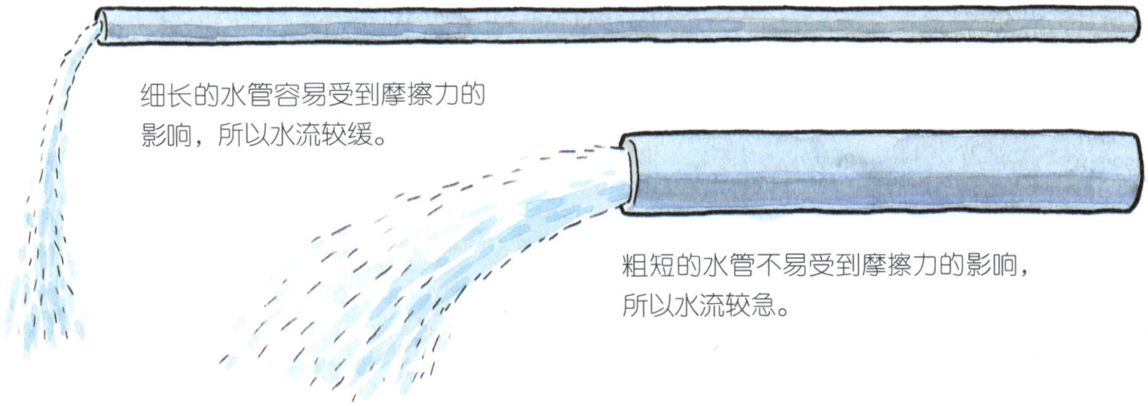

细长的水管容易受到摩擦力的影响，所以水流较缓。

粗短的水管不易受到摩擦力的影响，所以水流较急。

沉重的铁船为何能够浮在水上？

铁比水重8倍，所以铁板在水中会下沉，但如果用薄铁板制成中空的箱子，就能浮在水上。这是因为，铁箱的重量与铁箱排开的水产生的向上的力（浮力）达成了平衡。

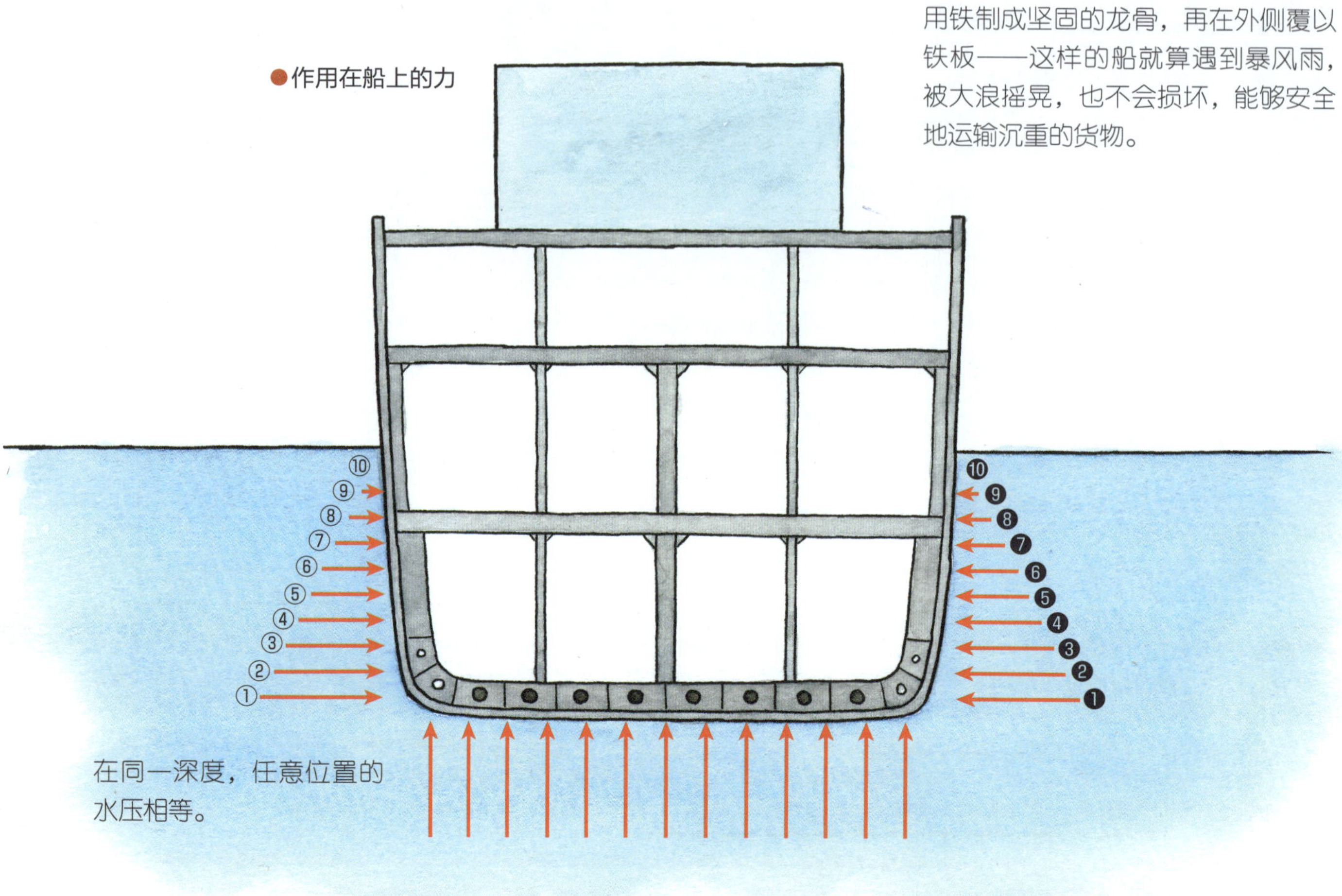

例如，在同一深度的①和❶、②和❷的位置，船的左右两侧所受的力大小相等，横向作用力相互抵消，只剩下船底所受的向上的力，将船托起。这个向上的力就是水的“浮力”，与海面到船底之间的水的重量大小相等。也就是说，“浮力”的大小等于船身排开的水的重量。

作用在船上的浮力和推力

“浮力”是指作用在船上的向上的力，与船排开的水的重量大小相等。正是因为浮力与船的重量达成平衡，船才能浮在水上。此外，船通过螺旋桨的旋转向后推水，还会受到来自水的反作用力，从而获得前进的“推力”。

螺旋桨的作用

船身后部装有螺旋桨，在水中旋转，向后推水，从而借助水的反作用力前进。

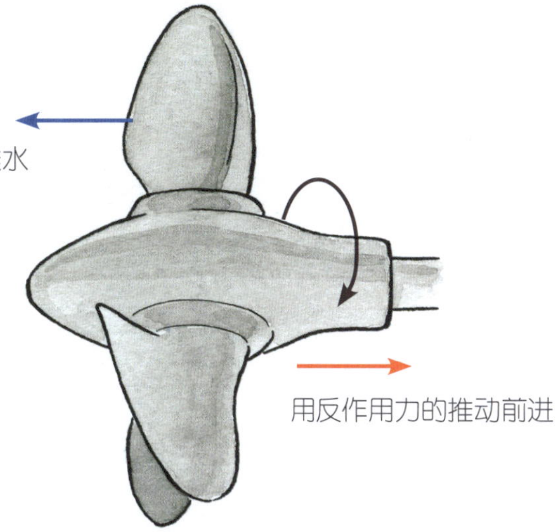

曹冲称象

在中国古代的三国时期（公元 2 ~ 3 世纪），南方的吴国赠给魏王曹操一头大象，曹操惊讶于大象的巨大，就命人称量大象的重量。可是，当时还没有工具能够称量如此庞大沉重的大象。于是，曹操年幼的儿子曹冲就想出了一个办法。

首先把大象装上船，在船身吃水的位置做标记，然后卸下大象，改为装载米袋等货物，直到船身下沉至标记处，再逐一称量货物的重量，最后相加即可。这个办法利用的就是船和船上所有货物所受的水的浮力。

使空船浮在水上。

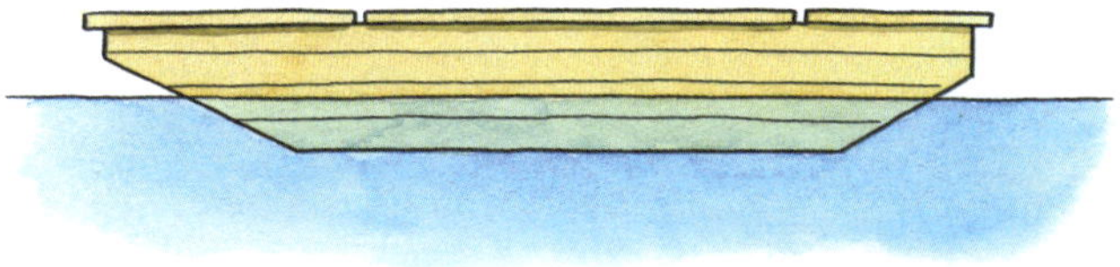

把大象装上船，在船身吃水的位置做标记。

卸下大象，改为装载米袋等货物，直到船身下沉至标记处。

卸下货物，逐一称重，最后相加，就是大象的重量。

发现浮力的阿基米德

希腊境内有个名叫锡拉库萨的国家，国王海厄罗命令一位商人制作了一顶纯金的王冠，但他疑心王冠并非纯金，就请来阿基米德确认。阿基米德冥思苦想，却无计可施，于是便前往城里的公共澡堂，打算放松一下。当他坐进注满热水的浴缸时，看到热水外溢，立刻兴奋地跳出浴缸，不顾一切地大喊着“我知道了！我知道了！”心急地跑回了家。

阿基米德究竟通过什么方法确认王冠是不是纯金的呢？

阿基米德（约公元前287 ~ 前212年）是古希腊的科学家、数学家、天文学家、发明家。除了发现“浮力”之外，他还发现了“杠杆原理”“球和圆柱体的表面积及体积的计算方法”等。

阿基米德的方法

首先，阿基米德制作了一个金锭和一个银锭，均与王冠重量相等。接着，他将金锭和银锭分别放在注满水的容器里，称量溢出的水的重量。结果显示，放入银锭溢出的水量比放入金锭溢出的水量多。

如果王冠是由纯金制成，那么放入王冠溢出的水量应该与放入金锭溢出的水量相等，但结果显示，放入王冠溢出的水量比放入金锭溢出的水量多。也就是说，王冠并不是纯金的。通过这种方法，阿基米德成功地识破了奸商的把戏。

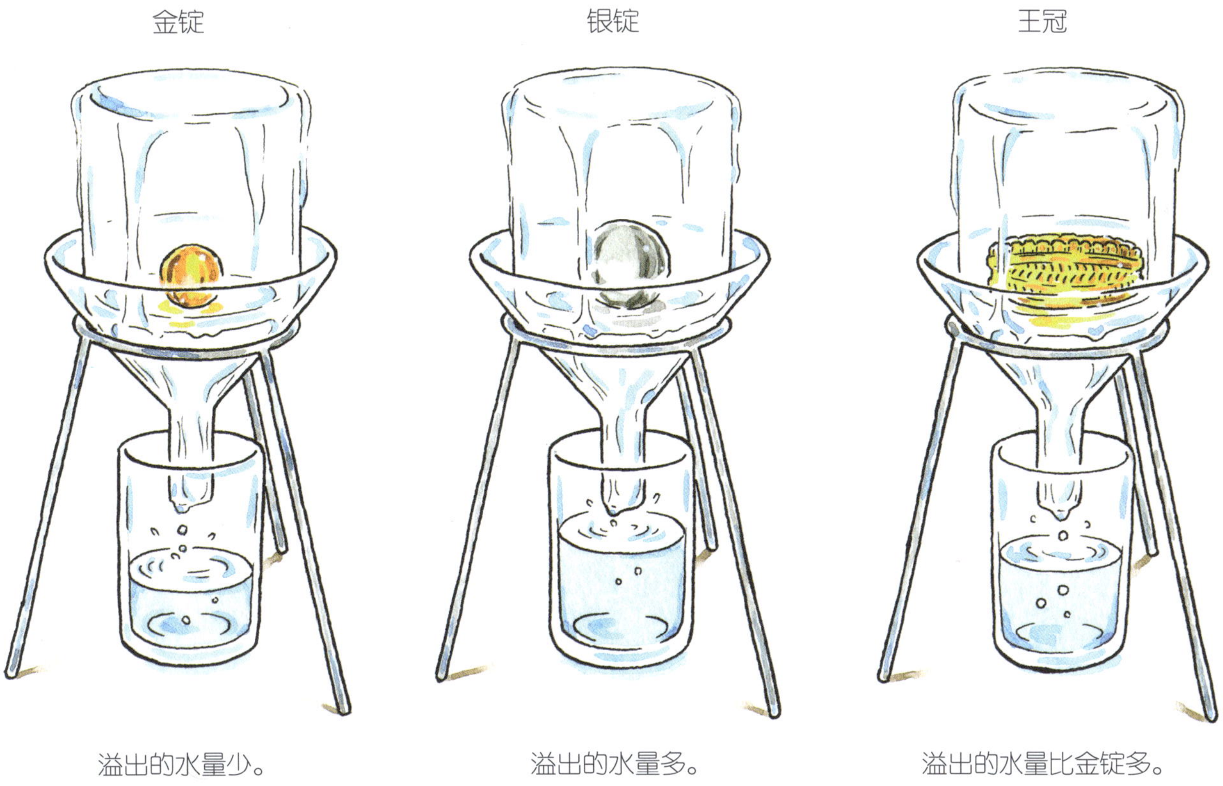

无论王冠、金锭和银锭形状如何，都可以使用这种方法。正是通过这种方法，阿基米德才发现了“浮力”。

物体在水中所受的浮力与该物体排开的相同体积的水所受的重力大小相等——这被称为“阿基米德原理”。

水车的种类

以前，水车常被用来磨米、制粉或汲水。水车大体可分为两种，一种如右图所示，水车下部浸在平缓的大河里，利用水流推动水车旋转。另一种则是用导水管从河流上游等地引水，从水车上方冲下，从而推动水车旋转。

关于从上方冲水的水车的介绍，请参照第 37 页。

用于水力发电的水车

水力发电是利用水从高处落向低处时产生的力使水车旋转，从而驱动发电机发电。水电站使用的水车均经过大量细节优化，以适应当地的环境。

●冲击式水轮机

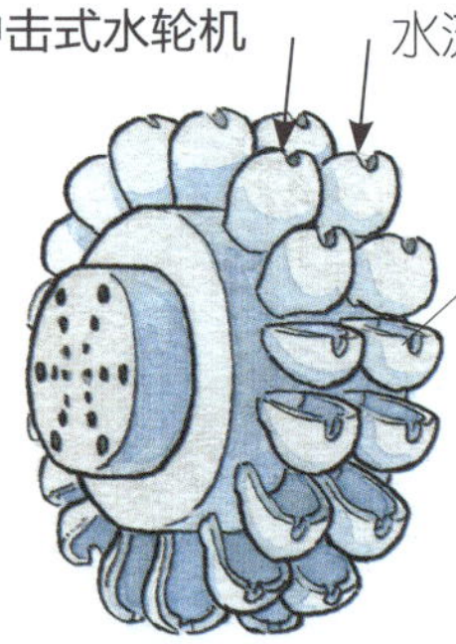

喷嘴喷出强劲的水流，冲击在碗状叶片上，使其旋转。常被用于落差（高水位与低水位之差）大的发电站。

●混流式水轮机

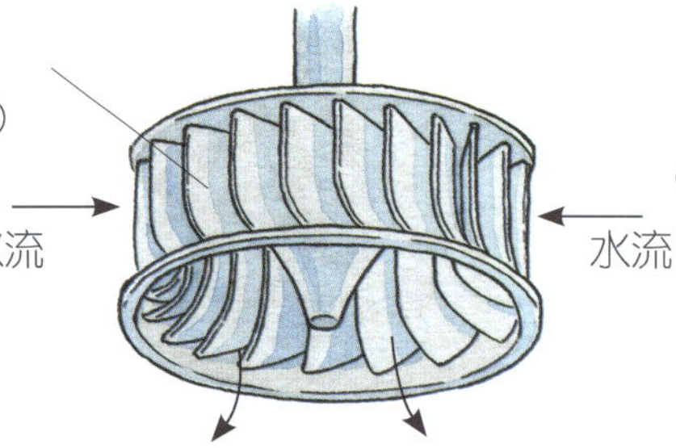

利用水流推动被称为“转轮”的叶轮，使其旋转。这种水轮机几乎不受落差大小的限制，所以日本有七成水力发电站使用的都是这种水轮机。

●轴流式水轮机

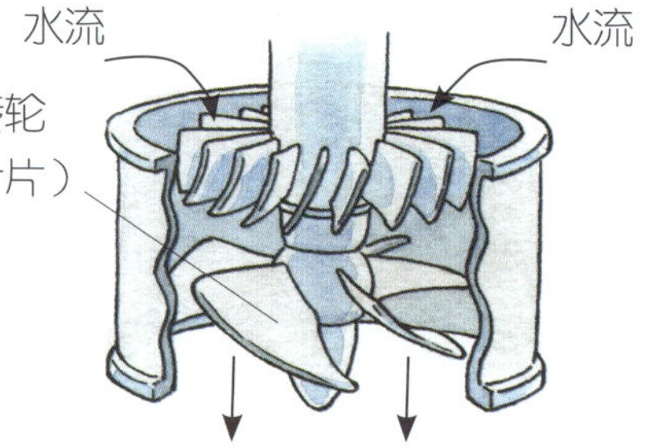

形似船的螺旋桨。常被用于落差较小且水量较大的发电站。根据叶片的角度，分为固定和可变化两种。

驱动水车旋转的水力

从水车上方冲水推动水车旋转时，利用的是水的重力。而将水车底部浸在水中时，利用的是水流的冲力。水力发电站使用的水车均经过细节优化，以适应当地的落差、水量等环境。

水力发电站

水坝所在的位置和地形、河流的水量等环境不同，水电站的建设方式也不一样。

坝式水电站

在河流坡降平缓且水量大的位置，可建造水坝拦水，形成落差，然后在紧邻的下游位置建设水电站。尽管落差小，但水量大，所以发电量依然相当可观。

引水式水电站

选择水量大的山涧，在靠近山体的狭窄位置建造水坝，并在山体内挖掘坡降平缓的隧道，引水绕过山谷，注入水电站正上方的水槽，再通过坡度很陡的笔直管道，一齐落在装有发电机的水车上，从而实现发电。使水从高度差很大的位置一齐落下，就是这种方式的特征。

表面张力形成水滴

稍微拧开一丝水龙头，水会很缓慢地流出，在出口处聚积下垂，最后脱离，形成水滴。之所以能形成水滴，是因为水会产生“表面张力”。

“表面张力”是使表面尽可能缩小的力。体积相同时，表面积最小的是球形，所以在可能的情况下，液体都存在变成球形的趋势，例如水滴。

这也是表面张力在起作用

向玻璃杯里注满水，仔细观察就会发现，水的表面会微微隆起。

大家早起时不妨观察院子里的花草，会发现叶片上有许多小水滴，这也是在表面张力的作用下形成的。

表面张力

水等液体会产生使表面尽可能缩小的力，这个力称为“表面张力”。清晨凝聚在叶片上的水滴、水龙头缓缓垂下的水滴，都是在表面张力的作用下形成的。此外，水黾之所以能站在水面上，也是由于表面张力的作用。

在水面上行走的水黾

在雨后积聚的水洼里，经常能看见水黾，两只短的前脚和四只长的后脚叉开站在水面上。仔细观察就会发现，水黾脚下的水面是略微凹陷的，使得水黾看起来就像站在一层薄薄的橡胶膜上。中间的两只脚蹬踏水面，就能像滑行一样四处走动。

仔细观察就会发现，水面与水黾脚下接触的部位是略微凹陷的。水黾的脚上生有细毛，这些细毛会将水弹开，所以水黾的脚不会沾水（如果没能将水弹开，水黾就会下沉）。凹陷的水面要恢复平整，就会产生一个反向的推力。水黾之所以能站在水面上，正是利用了这个反作用力。

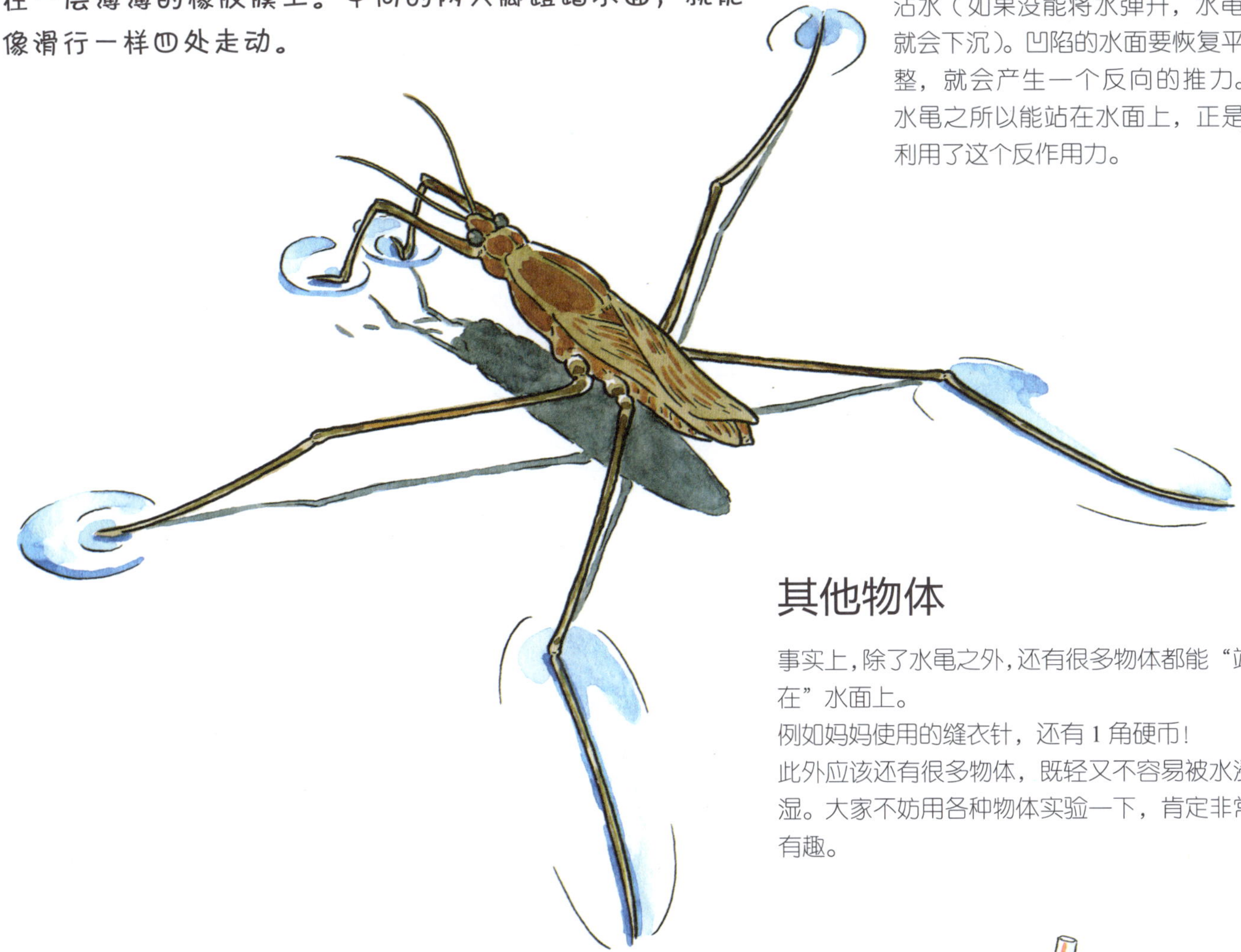

其他物体

事实上，除了水黾之外，还有很多物体都能“站在”水面上。

例如妈妈使用的缝衣针，还有1角硬币！

此外应该还有很多物体，既轻又不容易被水浸湿。大家不妨用各种物体实验一下，肯定非常有趣。

肥皂水的魔力

如果向水黾站立的水面倒入肥皂水，结果会怎样？肥皂水会在水和空气之间铺开，形成一层薄膜，覆盖水的表面。这层膜的作用是使水的表面扩大，与表面张力相反。因此倒入肥皂水后，水的表面张力会减小，就算水黾很轻，也会下沉。

向杯里注入少量清水，用吸管插进水里吹气，虽然会产生气泡，但很快就会消失。如果放入肥皂，或者滴入一滴厨房用的洗洁剂再吹气，就会产生大量气泡，而且经久不散。肥皂水的魔力不只在于可以用于洗涤，还可以吹肥皂泡泡玩儿。

第3章

乘坐载具所受的力

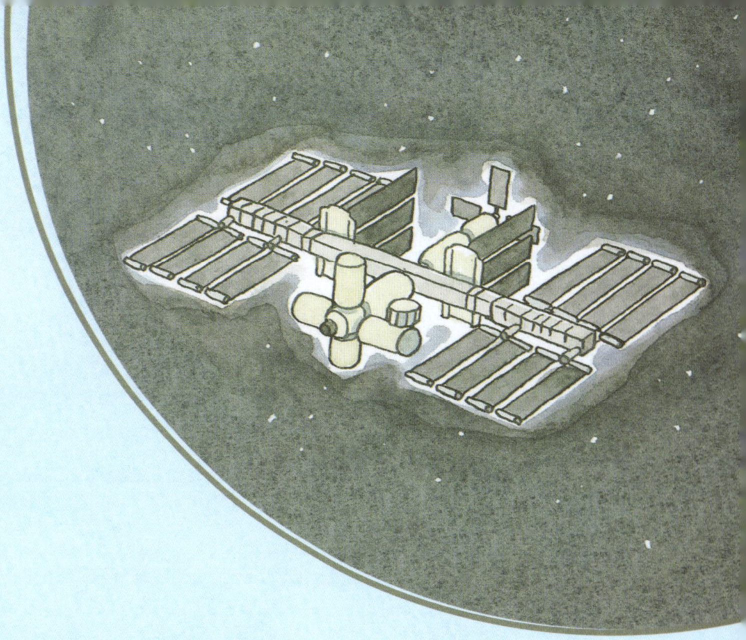

载具除了我们每天乘坐的自行车、汽车、地铁、火车、飞机、轮船之外，还有宇宙中的人造卫星、深海里的深海调查船等。我们在乘坐载具时会受到力的作用，游乐园里的过山车等设施就是增大了这种力，从而使游客体验到刺激感。

急刹车

运动的物体具有始终保持运动的性质。

当高速行驶的地铁突然刹车时，乘客事先并不知情，仍然保持继续前进的状态（惯性定律），身体就会向前倾斜。如果此时婴儿车没有锁死车轮，就会滑向前面的车厢，非常危险。

"惯性定律"的介绍请参照第 16 页。

汽车也一样，在急刹车时，车内的人会被推向前方。如果此时没有系好安全带，是十分危险的。

惯性力

当行驶的地铁突然刹车时，乘客仍然保持继续前进的状态，此时就会觉得身体被推向前方。这种保持向前运动的力称为"惯性力"。不仅保持运动如此，保持静止的力同样也是一种惯性力。

关于"惯性力"的其他介绍，请参照第 92 页。

急起动

静止的物体具有始终保持静止的性质。

下面来看急起动。当地铁突然起动开始前进时，乘客以为地铁尚未发动，身体仍然保持停在原地的状态，就会觉得身体被推向后方。如果此时婴儿车没有锁死车轮，就会滑向后面的车厢，非常危险。这也是一种“惯性力”。

从站台上看到的情景

当地铁突然启动时，站立的乘客仍然保持停在原地的状态，但吊环和脚会同地铁一起前进，所以就会觉得身体被推向后方。从站台上看，就好像乘客的身体要留在后面一样。

地铁转弯

当地铁从笔直的轨道驶入转弯的轨道时，乘客依然会遵循“惯性定律”，保持笔直前进的状态，所以身体会被推向外侧。这个推力称为“离心力”。

当地铁向左转弯时，乘客会被推向右前方。

离心力

当地铁或汽车转弯时，乘客会被推向外侧，身体也会向外侧倾斜。这个推力称为“离心力”。在“惯性”的作用下，身体仍要保持笔直前进的状态，但当车辆转弯时，就会觉得仿佛被什么东西推动一样。弯道越急，载具速度越快，离心力就越大。

关于“惯性力”，还可参照第 86、92 页。关于“惯性定律”，还可参照第 16 页。

离心力的方向始终朝向弯道外侧。速度越快，弯道越急，离心力就越大。为了以防万一，站在车厢里的乘客应该抓紧吊环，以免受伤。

当地铁向右转弯时，乘客会被推向左前方。

当汽车急转弯时，车里的人也会被推向弯道外侧。如果速度过快，在更大的离心力的作用下，就可能发生方向盘失控或侧滑的危险。

关于“离心力”，还可参照第 90 页的介绍。

寻找“离心力”

“离心力”在我们身边的很多场合都发挥着作用，只要稍微细心观察，就能找到很多例子。

大家不妨尝试用水桶装水，然后用力抡转。此时就会发现，尽管水桶没有盖子，但就算水桶到达头顶上空倒置的瞬间，水也不会洒出。

这是因为，水被离心力压在了水桶底部。当离心力大于水的重力时，水就不会洒出。

大家不妨尝试转动沾满雨水的伞。雨滴在离心力的作用下，会向外侧集中，并最终飞离雨伞。

在下雨天里，行驶的汽车或自行车会将道路上的泥水甩向后方，这也是受到了离心力的作用。

在离心力作用的场合有一个共同点，那就是“旋转”。物体旋转得越快，产生的离心力就越大。

洗衣机里的脱水机，利用的就是离心力。带有开孔的水槽高速旋转，湿衣物在离心力的作用下，会被压向水槽壁面，此时同样被压向壁面的水就会通过孔洞飞向外面。

当自行车快速驶入弯道时，车手的身体和自行车都会被推向外侧，仿佛要摔倒一样。这也是受到了离心力的影响。

在驶入弯道时，应该将身体和自行车向内侧倾斜，以抵抗推向外侧的离心力，这样才能安稳而顺利地继续前进。

➔ 大家不妨前往游乐园，看看那里都有哪些利用离心力的载具。在本章开始的那两页上，就画满了利用离心力运作的载具，不知道大家有没有发现呢？

在电梯里称体重

称体重并不是在任何时间、任何地点里的结果都会一样。大家不妨使用利用弹簧称重的家用体重计，在电梯里试着称称体重。

上升

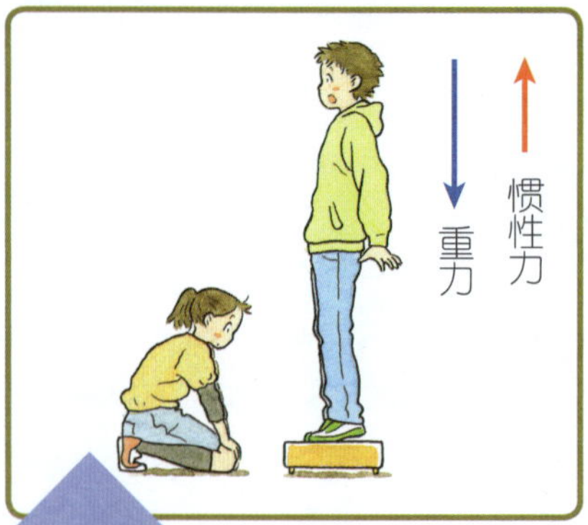

制动减速时

向下的重力被向上的惯性力抵消一部分，所以体重会比平时轻。当电梯完全停止后，惯性力消失，体重就变得与平时一样。

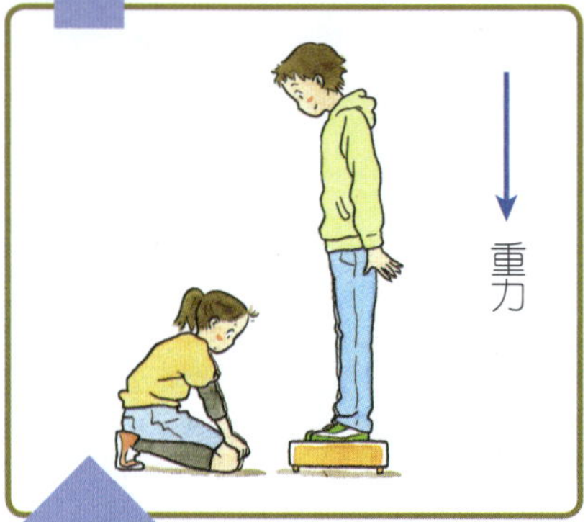

匀速上升时

惯性力不起作用，只有向下的重力，所以体重与平时一样。

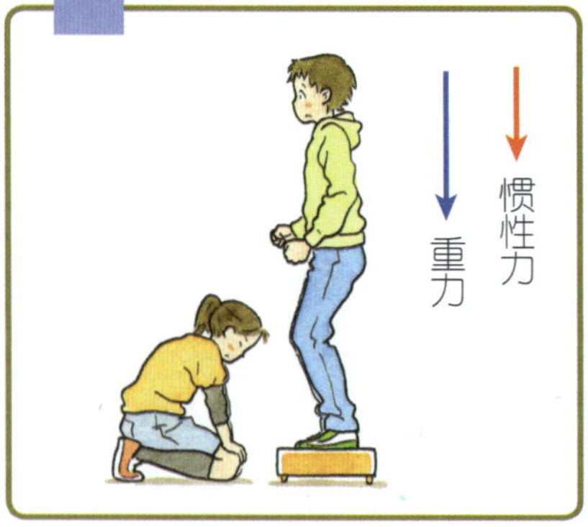

开始上升时

惯性力和重力的方向都是向下的,二者相加,导致体重比平时重。

下降

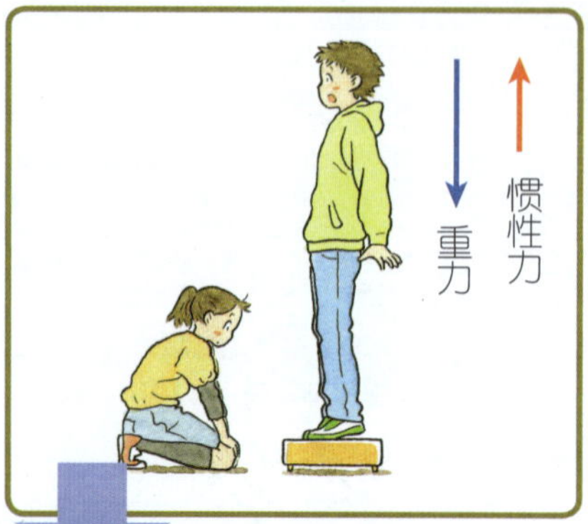

开始下降时

向下的重力被向上的惯性力抵消一部分，所以体重会比平时轻。

匀速下降时

惯性力不起作用，只有向下的重力，所以体重与平时一样。

制动减速时

惯性力和重力的方向都是向下的，二者相加，导致体重比平时重。当电梯完全停止后，惯性力消失，体重就变得与平时一样。

利用弹簧式体重计，可以测量重力和惯性力的合力。惯性力的大小和方向改变，合力的数值也会发生变化，所以体重计表盘上的指针指示会忽重忽轻。

重力和惯性力

当载具垂直运动时，“重力”始终不变，而“惯性力”会在开始运动和停止运动时起作用，在匀速运动时不起作用。

关于“重力”，还可参照第 24、26 页。关于“惯性”，还可参照第 16、86 页。

在火箭里称体重

当火箭轰然升空时，体重计的显示数值能达到地面上的数倍。这是为什么呢？

例如，当汽车加速起动时，人会受到反向作用力，被推得靠在座位上。这种现象与速度的变化（即“加速度”）有关。速度的差越大，加速度就越大。由于火箭搭载了非常巨大的发动机，因此在迅速加速时，反向作用力也是相当大的。如果是飞向宇宙的火箭，甚至能达到原本体重的5倍。

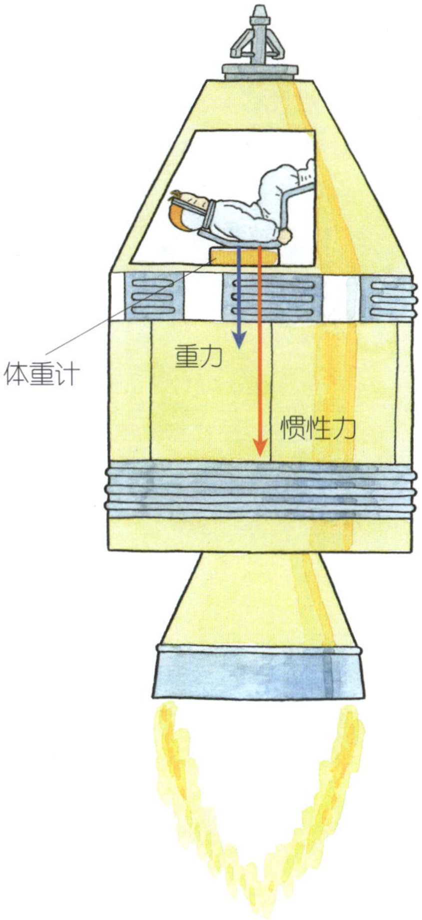

在游乐园的自由落体设施上称体重

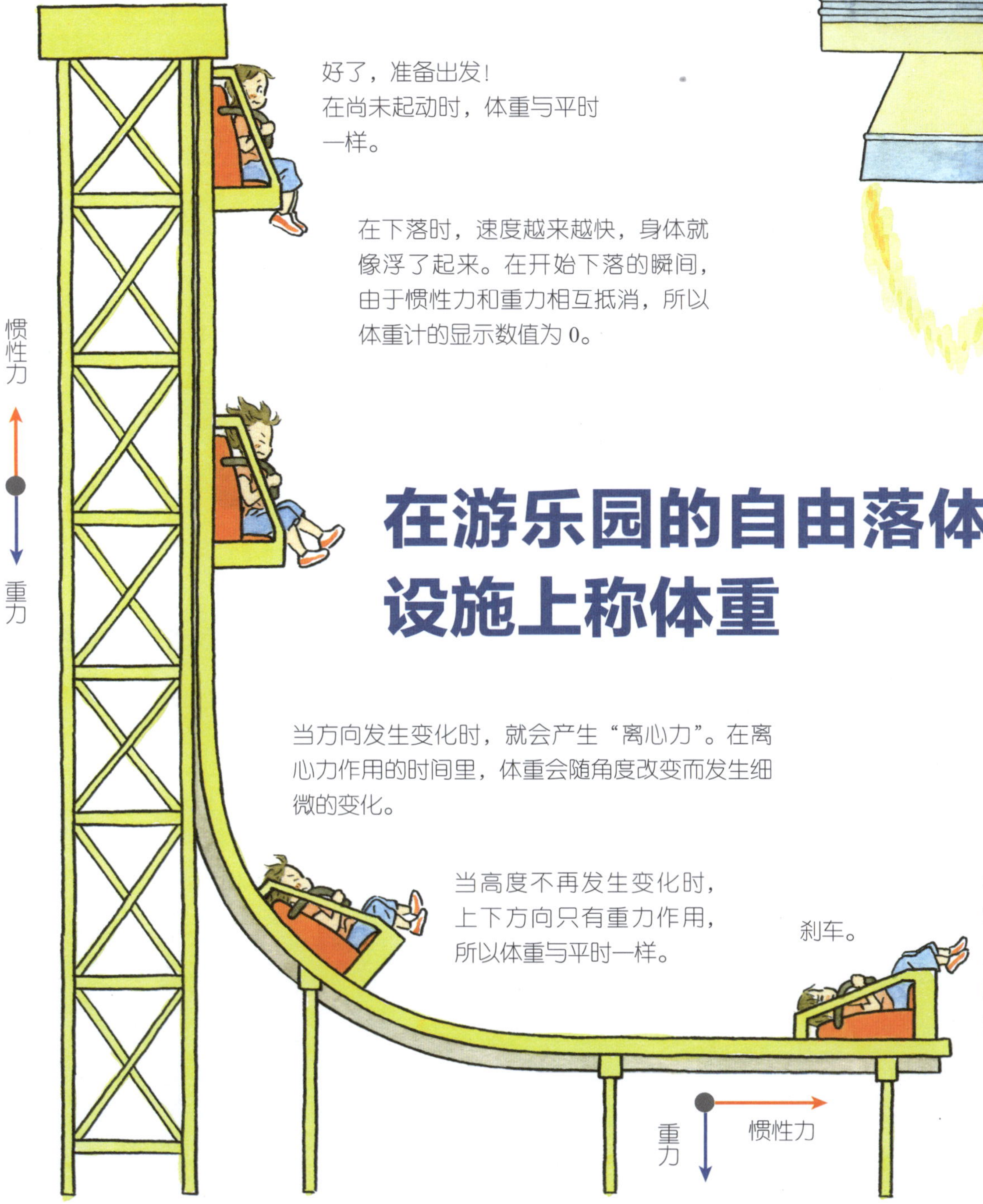

通常乘坐载具时的感受

乘坐时速高达数百千米的飞机或高速列车时，乘客几乎感觉不到速度，完全能像平时在地面上一样活动。这是为什么呢？

在飞机里走路

飞机飞离机场，升至万米高空，开始以 1000km/h 的时速朝着目的地笔直前进。此时，提醒乘客系好安全带的指示灯就会熄灭。

机舱里的咖啡杯也好，杂志也好，人也好，甚至就连空气，也都以同样的速度朝着同一个方向移动着。此时，无论飞机的速度多快，乘客都感觉不到，和停留在地面时几乎一模一样。

当飞机里的小孩把糖果掉在地上时，糖果会落在正下方的地板上，弯下腰就能轻松地捡起来。可是，如果从飞机外部来看，糖果是在以 1000km/h 的时速前进着。

在匀速笔直前进的载具里，所有物体的运动状态都是相同的。因此，感觉和生活在地面上的时候完全一样。

高速列车以 300km/h 的速度前进

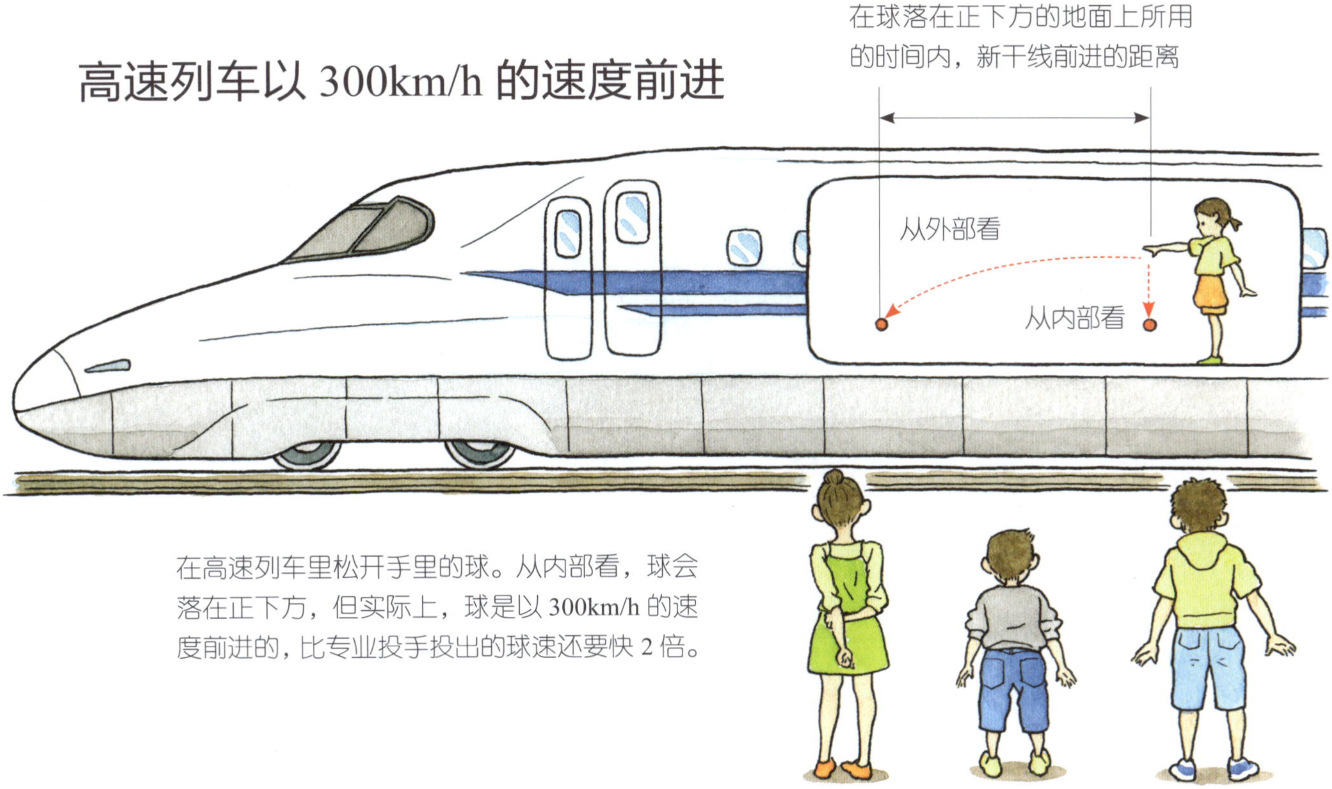

在高速列车里松开手里的球。从内部看，球会落在正下方，但实际上，球是以 300km/h 的速度前进的，比专业投手投出的球速还要快 2 倍。

地球也是巨大的载具

由于地球的自转，赤道是以 1600km/h 的速度向东移动的。而且，地球还在以 110000km/h 的速度围绕太阳旋转（公转）。因为地球很大，围绕太阳旋转的轨道也很大，所以在人类看来，无论自转还是公转，感觉都不是旋转，而是笔直前进。因此，生活在地球上的人类才会觉得地面是静止的。

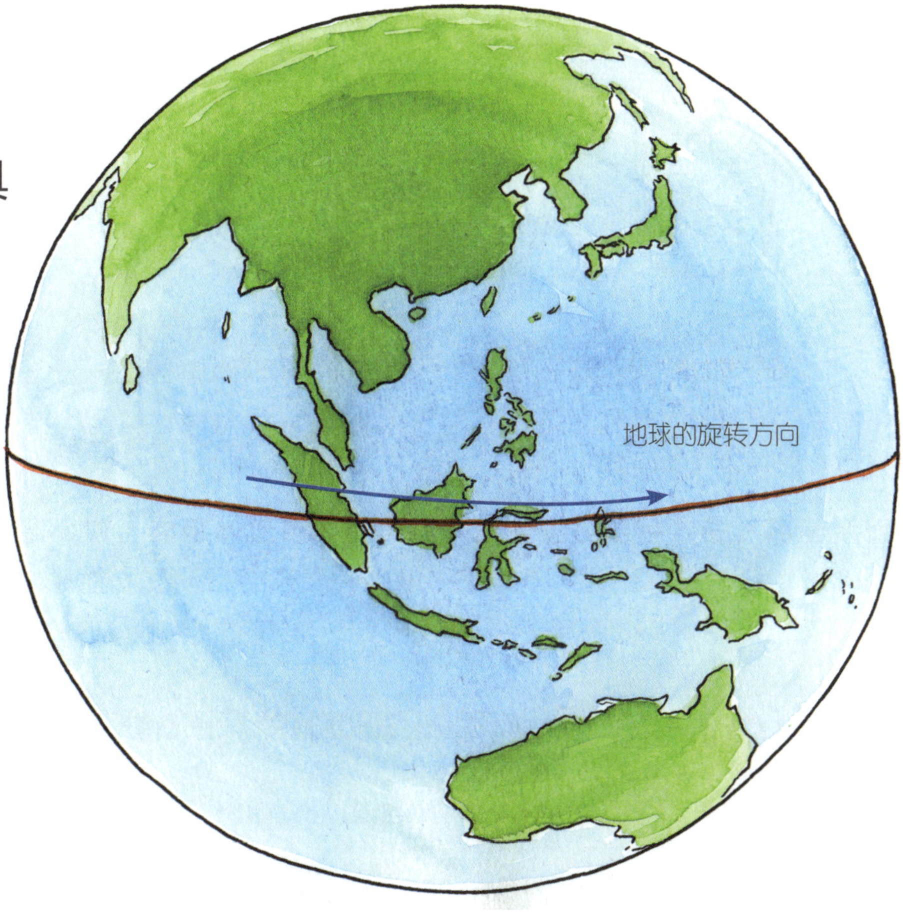

在宇宙飞船里进行空中游泳

人在宇宙飞船里没有重量，所以一旦浮起，就不会下落，甚至能悬浮在空中倒立。

蹬踏宇宙飞船的墙壁

人的重心会保持直线前进。人也可以绕着重心活动手脚、弯曲身体等等，但只要开始旋转，就不会停下来。

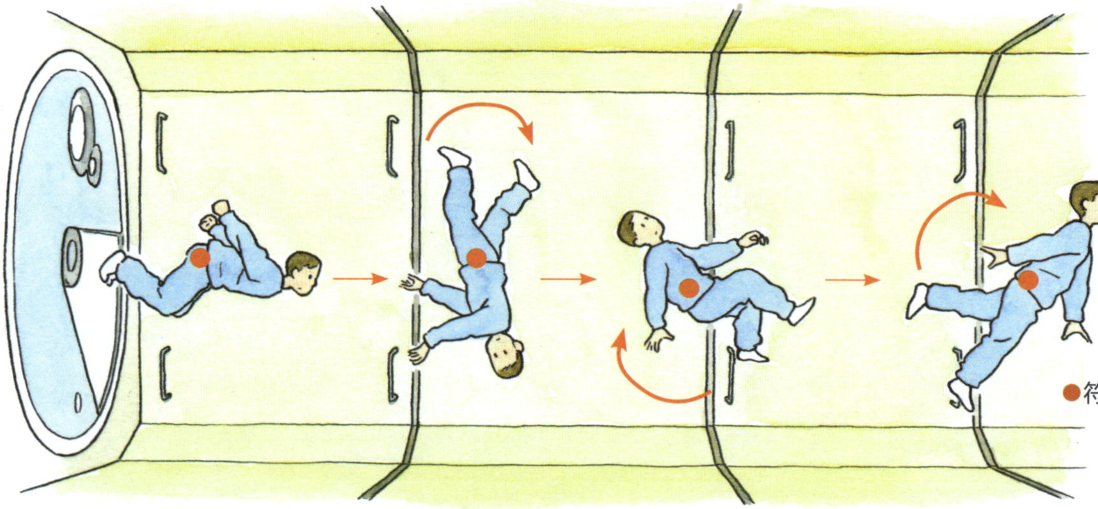

无重力

围绕地球旋转的人造卫星同时受到远离地球的“离心力”和被地球吸引的“重力”的作用，二者大小相等，方向相反，达成平衡，相互抵消，所以里面的人和物体都没有重量（无重力状态）。

关于“重心”，请参照第 33 页。

宇宙飞船里的不倒翁

宇宙飞船里的不倒翁，①放在地上会怎样？②轻轻掷出会怎样？③加些旋转轻轻掷出会怎样？

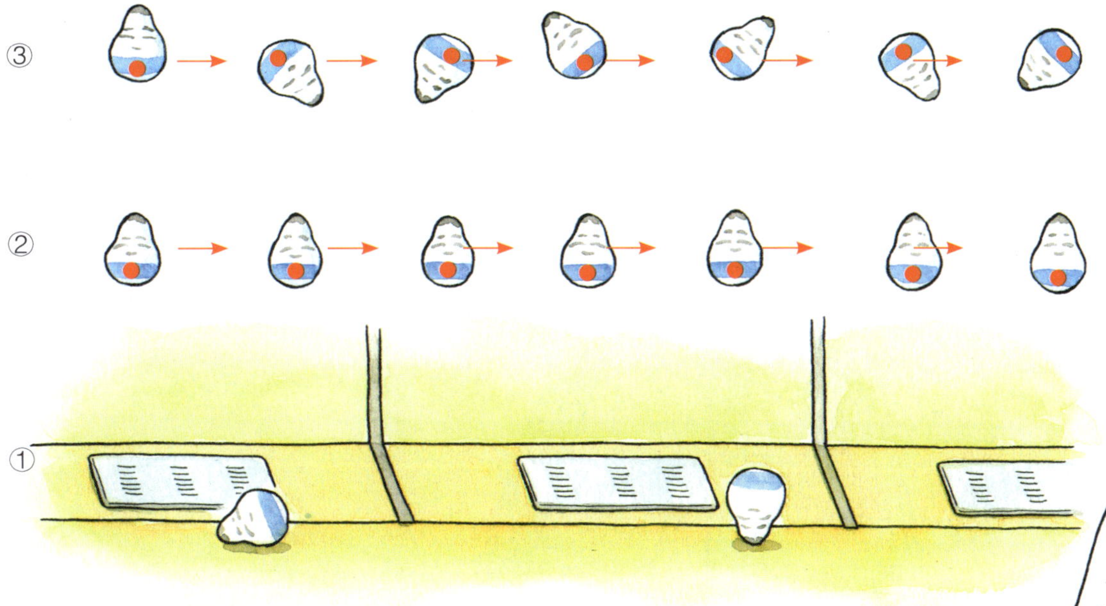

答案　①不会弹起，还能倒立。
②重心匀速笔直前进，不倒翁也会笔直前进，而且不会摇晃。
③重心匀速笔直前进，但不倒翁会一边前进一边旋转。

不会下沉，均匀混合

在宇宙飞船里，重物也不会下沉，轻物和重物能在液体里均匀混合。利用这一点，就能制作出在地面上无法制作的材料或药品。

水滴呈圆球状，浮在空中，不会下落。但是，如果水漏出来就糟了。大量水滴会飘向四面八方，一旦接触电力系统，就会酿成重大事故。

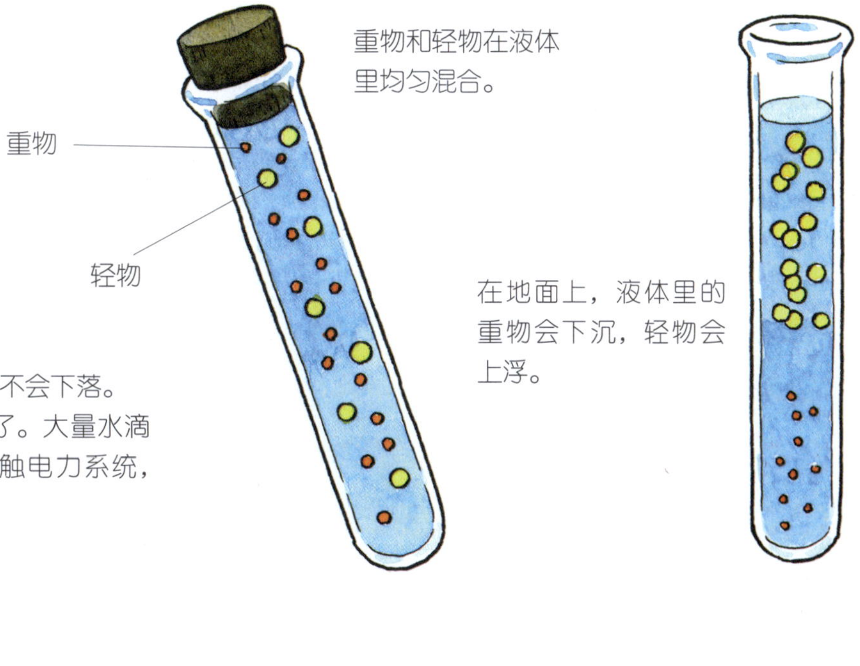

利用过山车进行的力学实验

游乐园里有很多娱乐设施，尤其是过山车，能让乘客体验到惯性力、离心力等多种力。

第4章

通过燃烧得到的力

水沸腾会变成蒸汽，蒸汽的体积比水大得多，被密封的蒸汽对周围物体产生的推力（压力）也非常大。人类接连发明了多种发动机，例如蒸汽机，能够把这种推力转化成各种各样的力，使我们的生活变得更加便利。而且，人类至今仍在不懈努力，试图通过燃料的充分燃烧来得到力。接下来，就让我们追随前人的智慧和努力的足迹，探索其中的奥秘吧。

老式水壶

水烧热沸腾时会产生大量蒸汽，把壶盖顶起，但不会一下子顶得飞出去。一旦蒸汽逸出，壶盖就会在重力的作用下回落，然后再次被蒸汽顶起，如此反复，就会发出“咔嗒咔嗒”的声音。

水壶结构的对比

●老式水壶

壶盖容易揭开，盖上带有小孔，蒸汽可通过小孔逸出。
水沸腾后产生大量蒸汽，仅靠孔无法彻底排出，于是就会顶起壶盖。

●带鸣笛的新式水壶

壶盖难以揭开，盖上没有孔，蒸汽只能从壶嘴逸出。
由于只有这一个出口，蒸汽会全部集中在壶嘴，强大的推力就会使鸣笛发出声音。

蒸汽的力

向水壶里注水并加热，水会逐渐沸腾，变成蒸汽。被封闭在水壶内部的蒸汽会推压水壶的内壁和壶盖。这个力非常大，甚至能够顶起物体。

带鸣笛的水壶

水沸腾后，会发出“嘀”的声音。水壶为什么会发出声音呢？答案就在壶嘴的前端部位。仔细观察就会发现，那里有个鸣笛。如果拆掉鸣笛，再把水加热至沸腾，结果会怎样呢？原来，水沸腾后产生大量蒸汽，这些蒸汽会从壶嘴猛地喷出，所以才将鸣笛吹响从而发出声音。

蒸汽逸出通道的对比

如果水壶里的水量不同，壶盖是否始终都会咔嗒作响呢？下面通过改变水壶里的水量来实验一下。

●水量少时

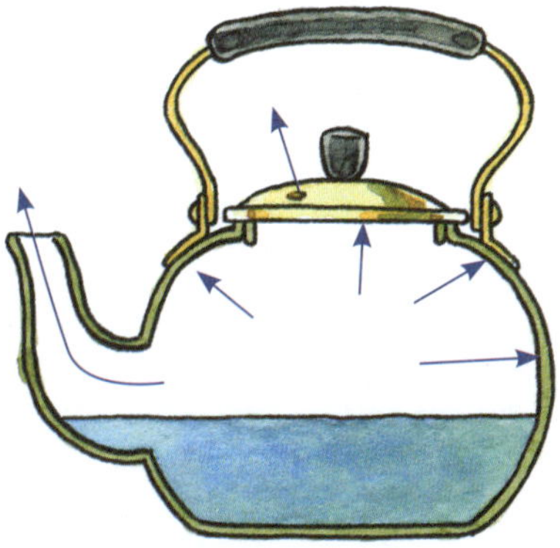

●水量多时

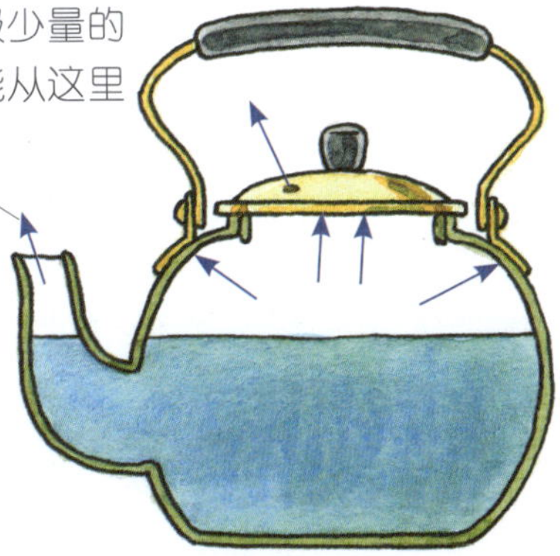

水量少时，蒸汽不仅从壶盖上的小孔逸出，还会从壶嘴逸出。蒸汽的力被分散，推挤壶盖的力不是很大，所以几乎听不见壶盖发出声音。

水量多时，壶嘴被水堵住，蒸汽逸出的通道减少，就会大力推挤壶盖，所以壶盖会频繁发出“咔嗒咔嗒”的声音。

加热密封的空气

向瘪的热气球里送入受热的空气，气球就会逐渐膨胀。由于受热的空气很轻，所以气球会飘浮起来。

如果没有逸出通道，受热的空气会变得怎样呢？不妨以皮球为例，球里的空气没有逸出的通道，无法排出。如果加热皮球，结果会怎样呢？

空气早已漏光，所以皮球是瘪的。

此时将瘪皮球放进热水里，使球里的空气受热。由于空气没有逸出的通道，所以体积和压强都会增大，球就会鼓起来。

但是，如果把球从热水里拿出，使球里的空气冷却，过段时间后，球就会恢复原状了。

受热空气的力

空气受热后，体积会增大。当容器的容积一定时，膨胀的空气会大力推挤周围的内壁，所以容器内部的压强会逐渐升高。

关于“热气球”的详细介绍，请参照第 67 页。

用塑料瓶制作喷泉

利用空气受热膨胀的原理，可以制成很多玩具。
下面就介绍一种用塑料瓶制作的简易喷泉。

准备工具
- 塑料瓶
- 黏土
- 钻孔工具
- 水桶

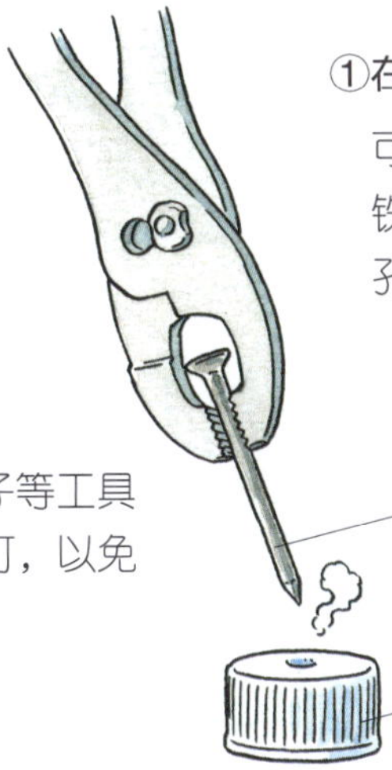

①在瓶盖上开孔
可使用钻头或用火烤热的铁钉，小心地在瓶盖上开孔，注意不要受伤。

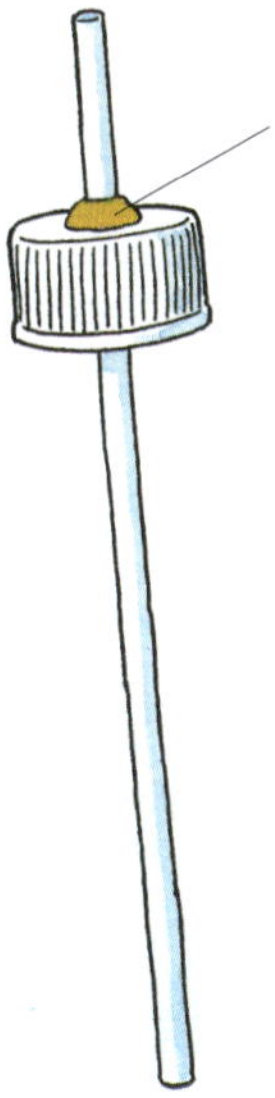

②在孔里插入吸管
用黏土堵住瓶盖和吸管之间的缝隙，以免漏气。

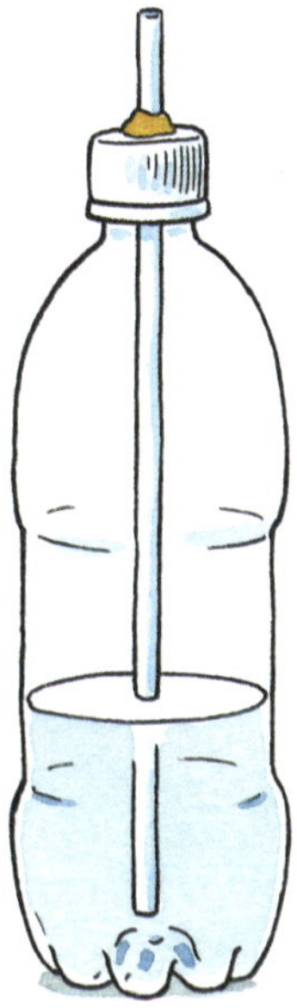

③在塑料瓶里注入约 1/3 的水，然后拧紧瓶盖。

把塑料瓶放进装有热水的水桶里，瓶里的水就会从吸管口喷出！

喷水的势头会根据塑料瓶里的水量而变。大家不妨多做尝试。

把推力变成往复运动

要想把地下深处的水汲取上来，需要做上下运动的装置。17 世纪末，英国发明家托马斯·纽科门为了汲取矿山里的水，就发明了利用蒸汽机驱动的泵。

●纽科门发明的蒸汽机

①首先蒸汽阀打开，锅炉产生的高压高热的蒸汽进入汽缸，顶起活塞，杠杆（梁）左侧降低，泵棒进入井里。

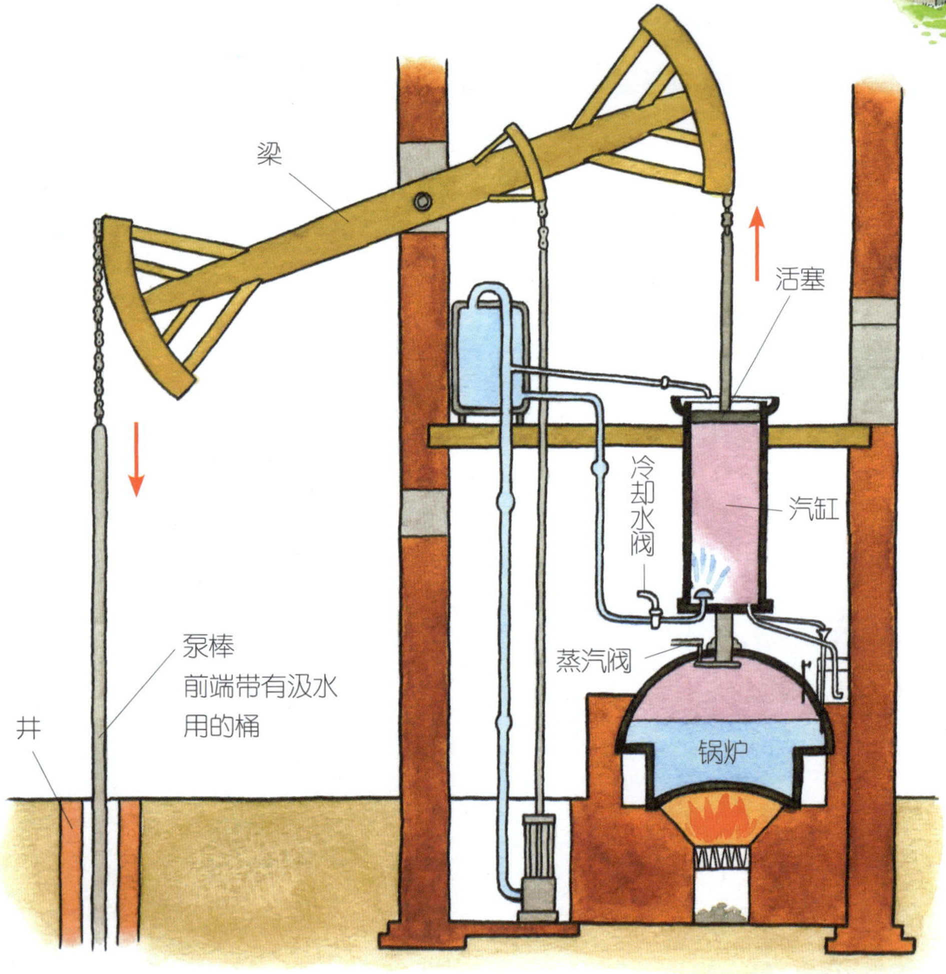

纽科门的蒸汽机利用的是蒸汽的力形成的上下运动，以及杠杆原理。杠杆右侧挂着活塞，左侧挂着汲水用的泵棒。

②然后关闭蒸汽阀，打开冷却水阀。汽缸底部喷出冷却水，使内部的蒸汽遇冷凝结成水，汽缸内的压强降低，活塞在大气压的作用下下落，梁的左侧升高，泵棒前端的桶就会把水打上来。

梁在 1min 内做 12 次往复运动。

蒸汽机

利用锅炉使水沸腾而产生的热蒸汽力量极大，能够移动又大又重的物体。利用这种蒸汽的力来使活塞做往复运动的机械，称为“蒸汽机”。

瓦特的发明

纽科门发明的蒸汽机，如果不使汽缸冷却，活塞就不会上下运动。而且，向冷却的汽缸里再次送入蒸汽时，大部分热量就会被汽缸夺走，导致能量浪费。因此，英国发明家詹姆斯・瓦特对纽科门的蒸汽机进行了改良。

瓦特的改良有两点，一是将汽缸上的蒸汽入口改成了上下两处，二是在汽缸外侧增设了循环送入蒸汽的“冷凝器”。

●经过瓦特改良的蒸汽机的结构

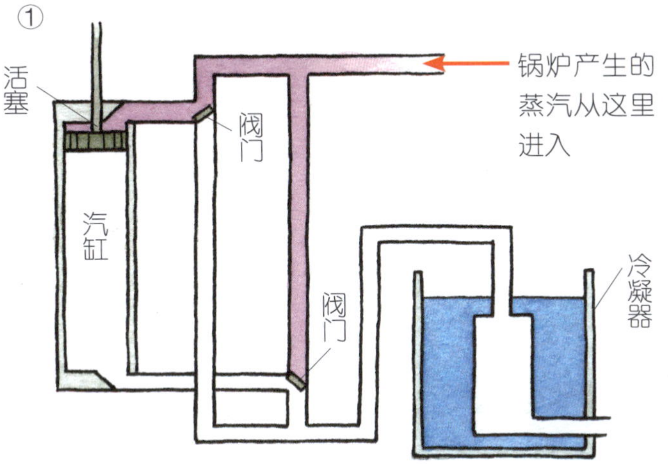

①当活塞位于上部时，调整阀门，使锅炉产生的蒸汽从上方进入汽缸。

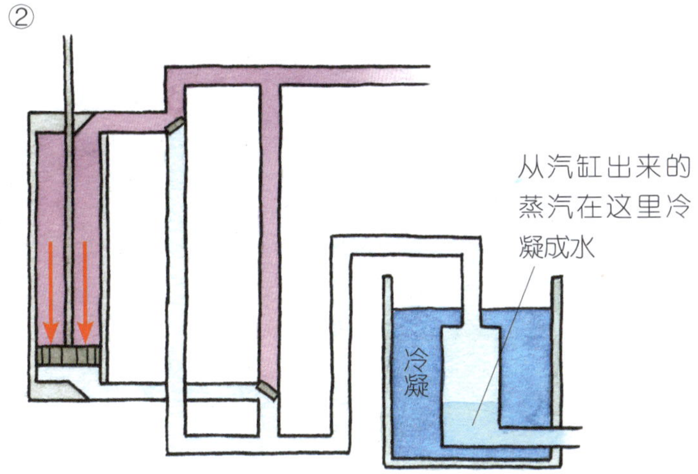

②在蒸汽的力的作用下，活塞被推向下方，活塞下方的蒸汽被推向冷凝器。

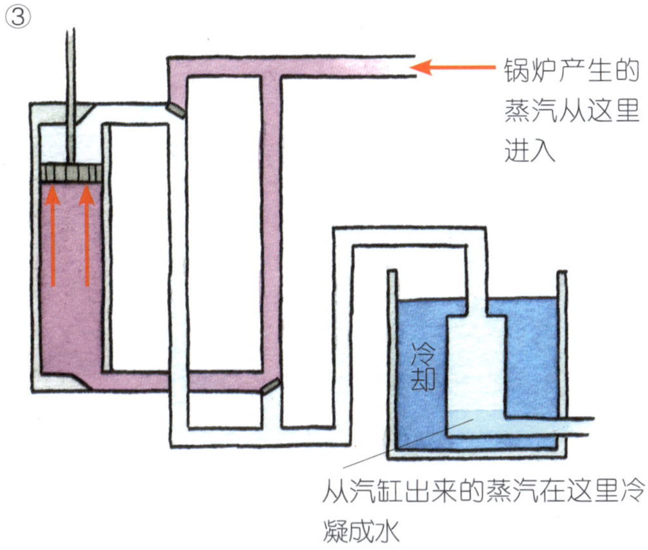

活塞降至底部时，将阀门的打开方向调整为相反方向。蒸汽这次从底部进入汽缸，顶起活塞，活塞上方的蒸汽通过其他管道被推向冷凝器。

在瓦特改良的这套系统中，汽缸内部始终保持高温状态，冷凝器始终保持低温状态。这样一来，就不用反复加热汽缸，大大提高了效率。

实用蒸汽机的完成

瓦特对蒸汽机做出了更进一步的改良，使蒸汽机不仅能够用来汲水，还能作为普遍的原动机而得到广泛应用。而且，瓦特还在细节上做出改良，例如增设了调速机，向汽缸内送入蒸汽时能够自动增减蒸汽量等，从而最终完成了我们如今看到的实用的蒸汽机。

蒸汽机车的结构

蒸汽机车负责牵引客车或货车，运输乘客及各种货物。有的蒸汽机车甚至能牵引 2400t 重的货物。

用巨大的锅炉制造蒸汽

驱使机车前进的动力，来自制造蒸汽的巨大锅炉。

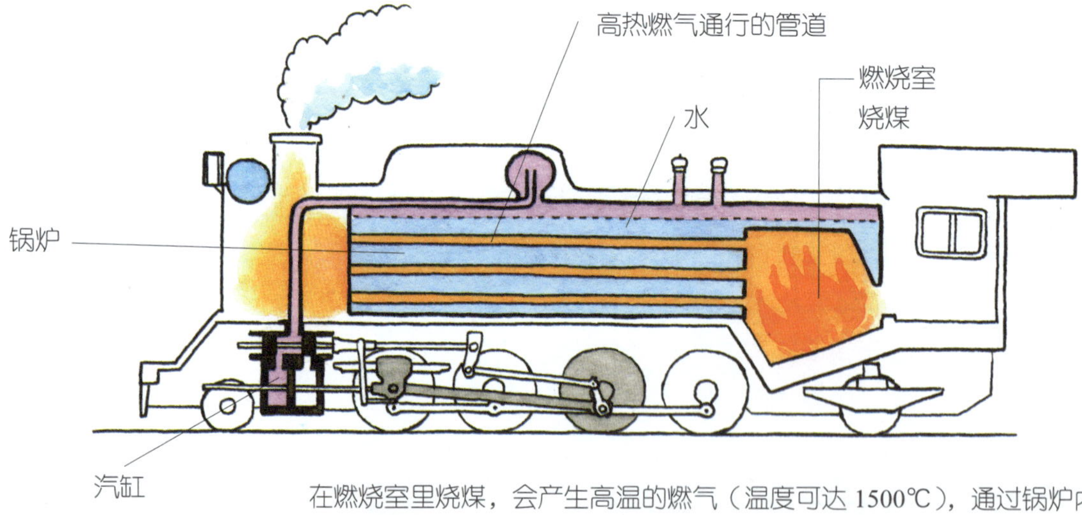

在燃烧室里烧煤，会产生高温的燃气（温度可达 1500℃），通过锅炉内的管道。管道周围有水，在高温燃气的作用下变成约 200℃的蒸汽，压强为 15 个大气压。蒸汽在烟中通过，温度升至 400℃，进入汽缸推动活塞。

从往复运动到旋转运动

汽缸里的活塞做的是往复运动，并不能直接驱动火车，需要通过曲柄连杆（主杆）转化成旋转运动。

前后运动的汽缸和活塞

随着阀杆的前后运动，蒸汽被送往汽缸的前后部，推动活塞前后运动。

●汽缸内部

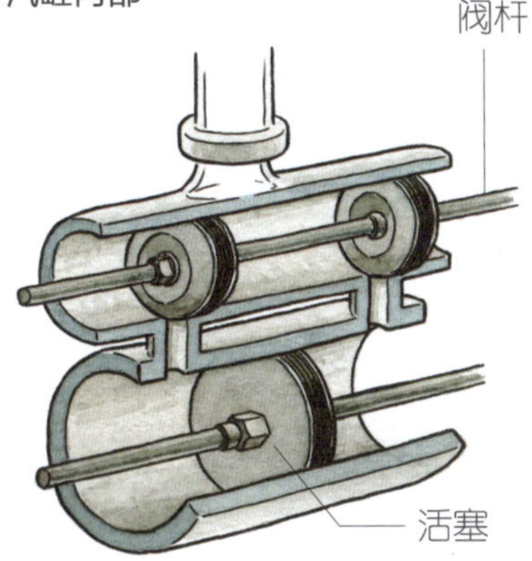

●活塞的运动

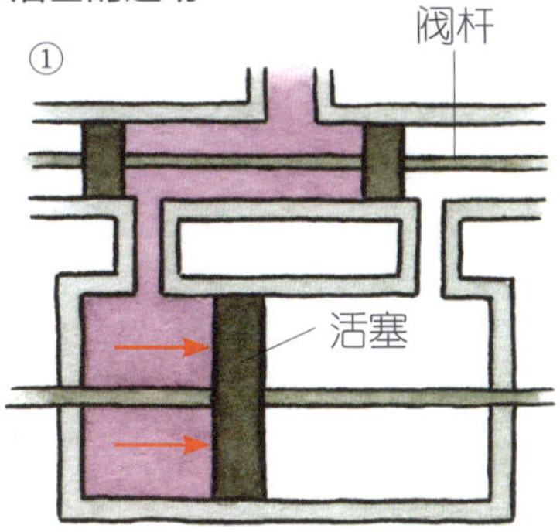

①阀杆向左移动，蒸汽从左侧入口进入汽缸，推动活塞向右移动。

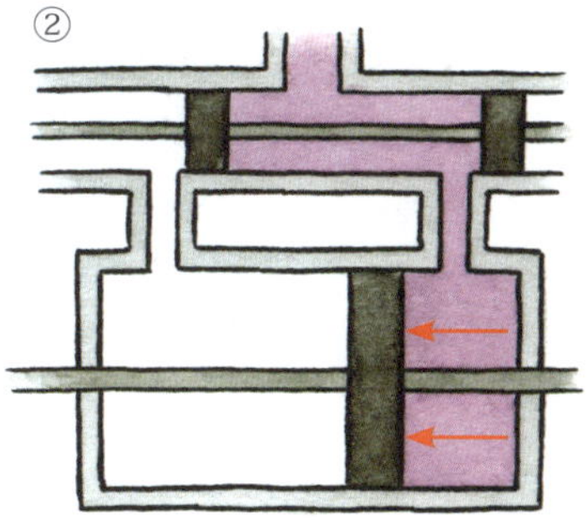

②阀杆向右移动，蒸汽从右侧入口进入汽缸，推动活塞向左移动。

将前后运动变成旋转运动的曲柄连杆

蒸汽机车的车轮通过曲柄连杆与汽缸里的活塞相连，曲柄连杆的移动带动车轮做旋转运动。

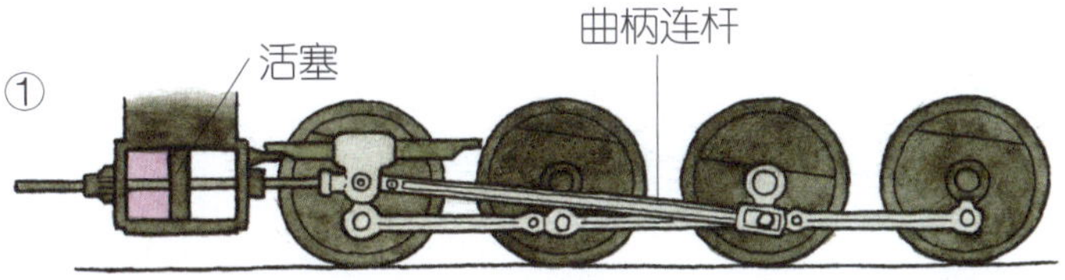

活塞位于正中。曲柄连杆右端降低。

活塞来到右端。曲柄连杆呈水平状态，车轮如箭头所示转动。

活塞来到左端。曲柄连杆右端升高，车轮转动幅度更大。

D51 型蒸汽机车的汽缸直径为 55cm，左右各有 1 个活塞。蒸汽进入汽缸，推动活塞做前后运动。蒸汽的压强为 15 个大气压。

由此计算可知，推动单个活塞的力为 360000N，约等同于举起 36000kg（36t）重物所用的力。由于有两个活塞，合计就是举起 72t 重物所用的力。

也就是说，用 72t 的力推动活塞，就能驱动重达 2400t 的列车。

风和风车

用风车做实验可以发现，使两个风车同时旋转很难。

一个风车时

风吹在风车上，风车就会开始旋转。风接触风车的叶片后会改变方向。

两个风车时

如图所示，在第一个风车旋转时，迎面放入第二个风车（第二个风车的叶片折成同样的方向）。如此一来，位于下风的风车就会停止旋转。

接下来迎面放入第二个风车，但叶片折成相反的方向。此时，两个风车都会旋转。

空气接触风车后的流动方向与叶片的旋转方向相反，所以叶片折成同样方向的两个风车排列在一起时，空气都从前方的风车叶片边缘流走，第二个风车自然不会旋转。

蒸汽涡轮

涡轮是使高温、高压的蒸汽猛烈冲击在叶轮上，从而使轴旋转的装置。由于蒸汽直接带动叶轮旋转，浪费很少，所以能产生巨大的力。

利用蒸汽使涡轮旋转

涡轮有很多叶片，大力推动即可旋转。所有叶片的朝向均经过精心设计，不会影响其他叶片的旋转。

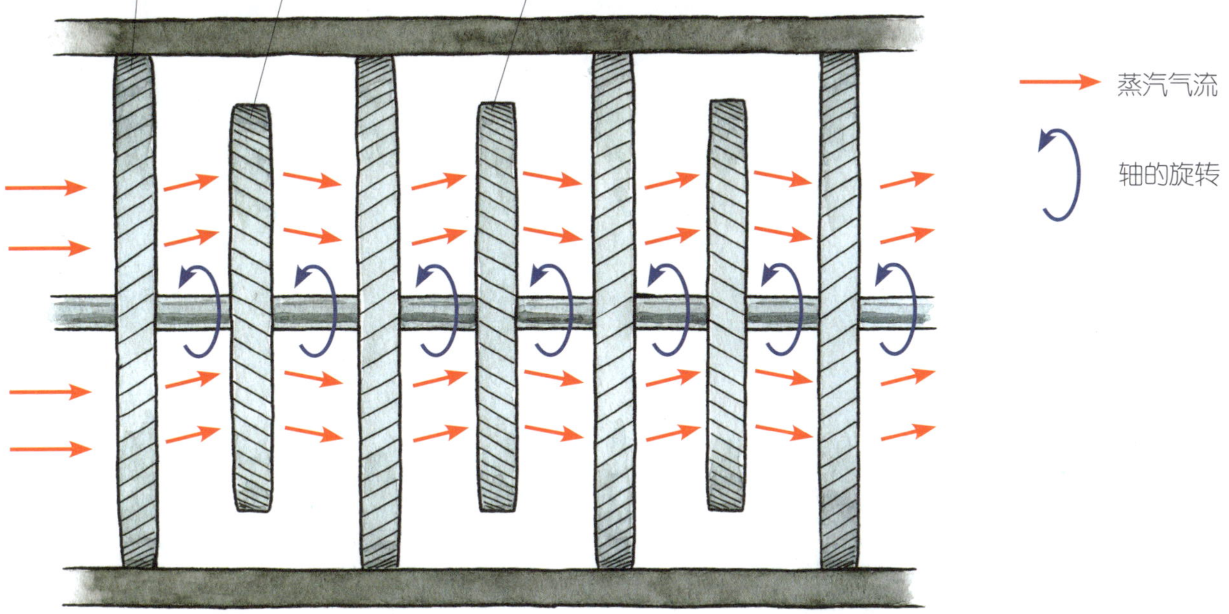

第二个叶轮前方的通道能够改变蒸汽的方向，所以在第一个叶轮带动轴旋转后，到达第二个叶轮时仍然不会停止旋转。改变方向的蒸汽接触第二个叶轮时，第二个叶轮就会受到相同方向的升力的作用。

※ 在蒸汽推动下旋转的叶片称为“动翼”，改变蒸汽流动方向的通道称为“静翼”。

用于发电的涡轮

火力发电和核能发电都是通过蒸汽涡轮的旋转来发电的。燃烧煤或石油，或者利用铀裂变时产生的能量来使水受热，产生蒸汽，推动涡轮旋转。用于发电的涡轮如下图所示，非常巨大。

最早搭载蒸汽涡轮的船

世界上第一艘搭载蒸汽涡轮的船是“透平尼亚”号，于 1894 年制造完成。该船是通过将蒸汽涡轮的旋转传递到螺杆上来前进的。该船涡轮的压强约为 10 个大气压，在当时的船中速度最快，速度可达约 60km/h。

被封闭在注射器里的空气

汽缸里的空气受到挤压，温度升高，就会以巨大的力反推活塞。汽油发动机利用的就是同样的原理。

①用木塞堵住内有空气的注射器管口，用力按下活塞。汽缸里的空气受到挤压，压强升高。松开手后，在空气的反推下，活塞就会返回原位。

②如第 104 页的皮球实验一样，用木塞堵住内有空气的注射器后，对其进行加热，汽缸里的空气就会膨胀，顶起活塞。

利用燃料的爆炸

●汽油发动机的结构

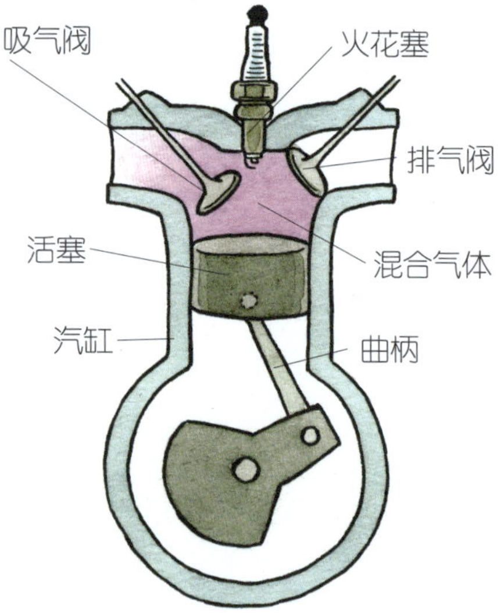

活塞和汽缸所做的上下运动，通过曲柄转化成为旋转运动。

现在的多数汽车使用的都是汽油发动机。像蒸汽机车一样，汽油发动机也有汽缸和活塞，通过活塞的上下运动来得到动力。有一点不同在于，汽油发动机利用的是汽油燃料爆炸时产生的巨大的力。

将混有燃料的空气（混合气体）送入汽缸，提拉活塞挤压空气。混合气体受到挤压，温度升高，此时使用火花塞点火，汽油就会在汽缸内爆炸，瞬间产生高温、高压的燃气，大力推动活塞。

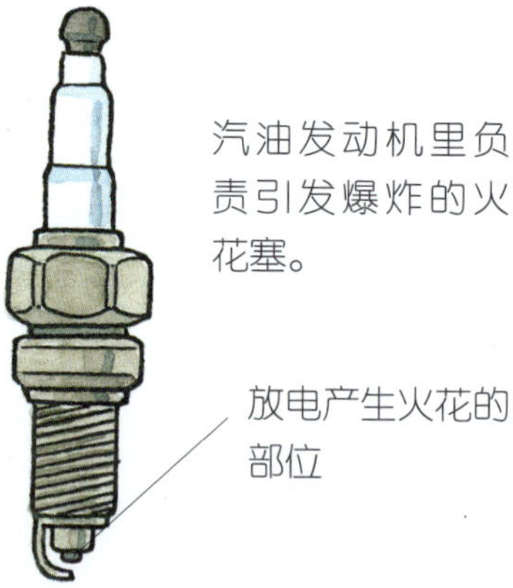

汽油发动机里负责引发爆炸的火花塞。

汽油发动机

空气和燃料混合燃烧时，会产生高温、高压的燃气。汽油发动机就是通过燃气的力来推动活塞的。由于不产生蒸汽，所以效率高，而且体积小，却能产生巨大的力。

汽车的发动机装在哪里?

汽油发动机的工作过程

汽油发动机在汽缸里不断重复①吸气②压缩③膨胀④排气这四个过程。

①吸气
关闭排气阀，打开吸气阀，转动曲柄降低活塞，使空气和燃料的混合气体进入汽缸。

②压缩
关闭吸气阀，转动曲柄提拉活塞，压缩混合气体。汽缸内部温度升高。

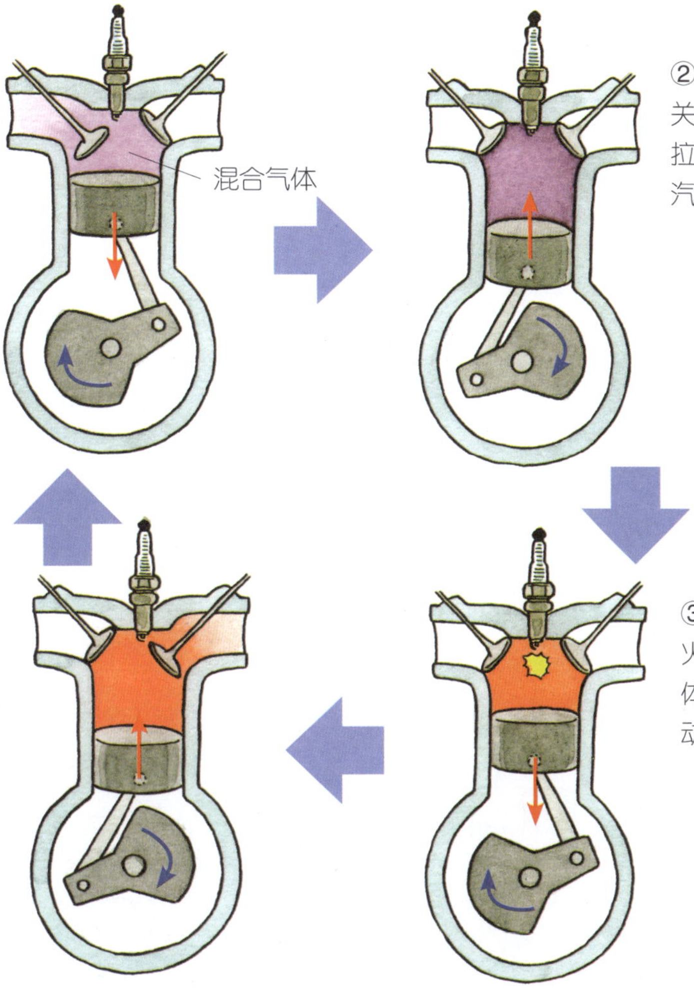

③膨胀
火花塞点火，使混合气体爆炸，迅速膨胀，推动活塞。

④排气
打开排气阀，转动曲柄，将活塞提拉至顶端，排出燃气（燃烧的混合气体）。

像这样不断重复四个过程的发动机，称为“四冲程发动机”。

汽油发动机的极限

燃料被压缩的程度越大，爆炸时推动活塞的力就越强。不过，压缩程度越大，温度也会越高，一旦高过某个特定的温度，不用火花塞点火就会自燃点火，发生非预期的爆炸，得不到有用的力。

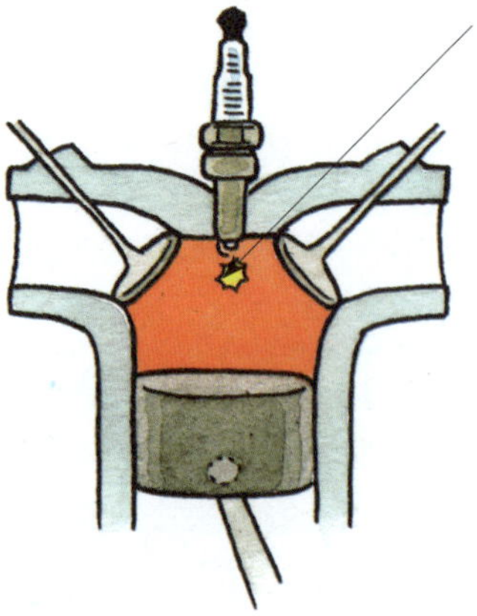

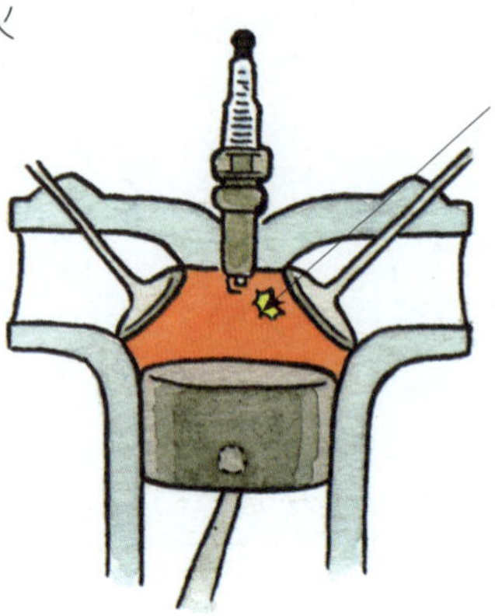

如果曲柄位于如右图所示的位置时发生自燃点火，其时机并不如使用火花塞点火那样合适，有时甚至会产生使曲柄逆向旋转的力。如果点火的时机不合适，就无法高效率地传递力。

产生更大的力

●柴油发动机的结构

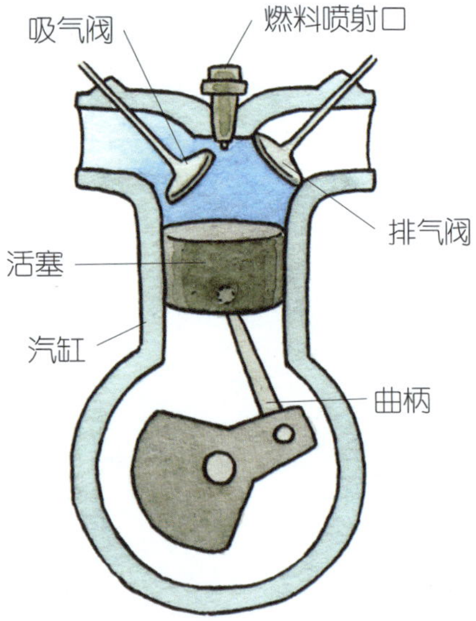

柴油发动机是依靠压缩引起的压燃点火来燃烧燃料的，其内部压强比汽油发动机更大，能够产生更大的力。

不同于汽油发动机，柴油发动机最初只把空气吸入汽缸，使其压缩升温，然后喷入雾状燃料，就会自动起火燃烧，产生巨大的动力。

柴油发动机

其基本结构与汽油发动机并无区别，但活塞受到的压强更大，温度升高后，在恰当的时机使燃料自燃点火。柴油发动机可以组成巨大的发动机，常被用作卡车、拖车、铁路机车、轮船等的发动机。

柴油发动机能比汽油发动机产生更大的力，常被用于运输重物的机车、大型卡车、轮船等交通工具。

通常来说，汽缸越大，能产生的力就越大。例如，在汽缸内部压强相同的情况下，2 倍大的汽缸就能承受 4 倍的力。有些船舶使用的大型发动机，汽缸直接可达 90cm，活塞的移动距离长达 3m 左右。12 个汽缸组合，总计能够产生 7 万马力，约 5 万千瓦（千瓦的单位符号 kW 是 kilowatt 的缩写）以上的功率。* 注：马力的单位在第 154 页会有介绍。

柴油发动机的工作过程

柴油发动机也和汽油发动机一样，不断重复①吸气②压缩③膨胀④排气这四个过程。

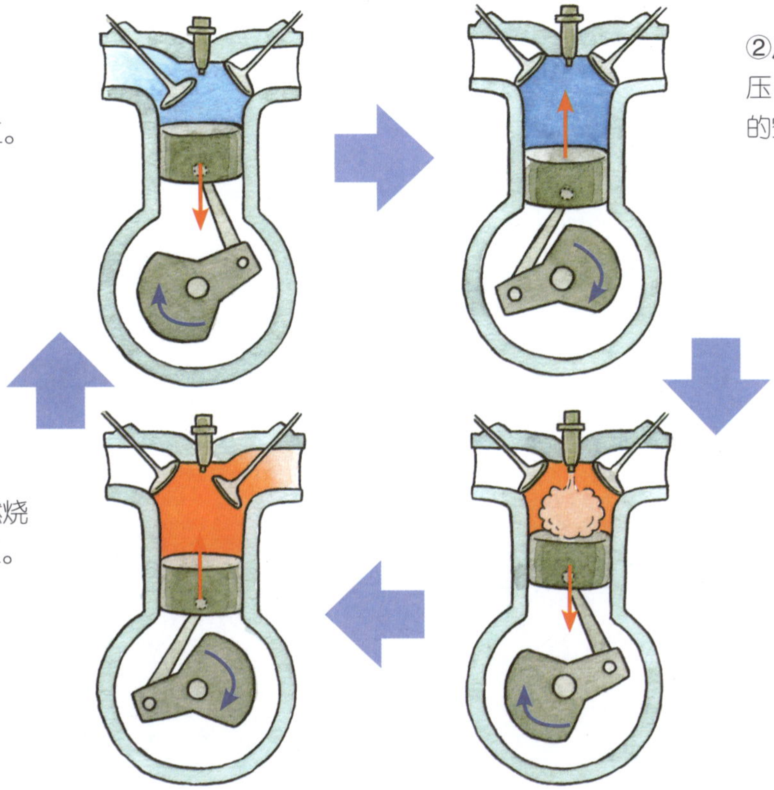

①吸气
将空气吸入汽缸。

②压缩
压缩空气，被压缩的空气温度升高。

③膨胀
向汽缸内的高温、高压的空气喷射雾状燃料，内部自燃点火，空气和混入的燃料燃烧，迅速膨胀，推动活塞下降。

④排气
活塞升高，将燃烧的气体排出汽缸。

迅速飞向天空

膨胀的气球松开手后，就会迅速飞走。这是因为封闭在气球里的被压缩的空气集中在狭窄的口部(喷嘴)，就能得到巨大的力。喷气发动机和火箭发动机利用的也是同样的原理，从而得到巨大的推力。

运载大量人或货物的力

现在的大型飞机使用的几乎都是喷气发动机。这种飞机比直升机速度快，而且体型巨大，能够运载大量的人或货物。

喷气客机通常搭载 2~4 台喷气发动机，能以接近音速（时速 1225km/h）的速度运载数百名乘客，而且机身巨大，能够搭载大量燃料，一次加油就能飞行很远的距离。

喷气发动机

喷气客机搭载喷气发动机，通过向后喷射高温、高压的燃气，利用反作用力将飞机向前推动。喷射势头越猛，得到的力就越大。

喷气发动机的结构

与汽车使用的发动机一样，喷气发动机也是通过重复吸气→压缩→膨胀→排气这四个过程来获得推力的，只是结构稍有不同。

●喷气发动机的结构

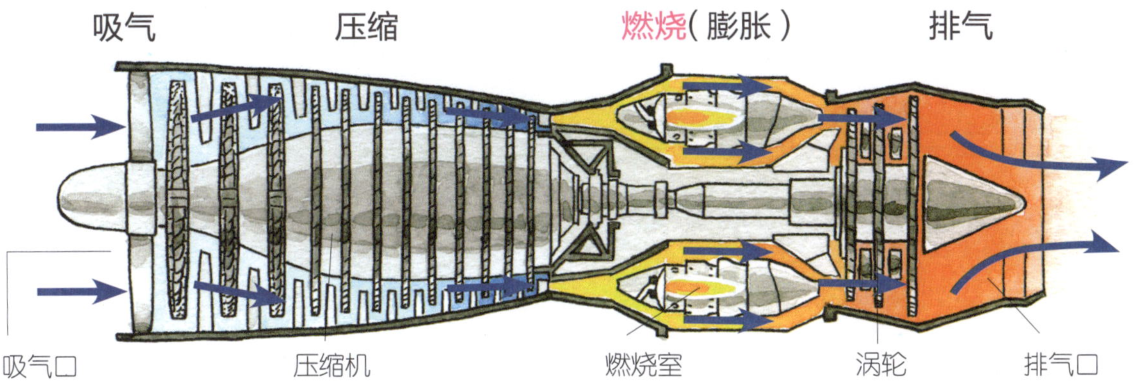

①吸气：转动风扇，吸入空气。
②压缩：吸入的空气被压缩。
③膨胀：燃料和压缩的空气混在一起燃烧，产生高温、高压的燃气。
④排气：向压强低的大气中喷出高温、高压的燃气。

四个过程各自独立

汽车的发动机是在同一个空间内依次进行四个过程，所以每完成一次循环只能燃烧一次，得到的力不大。而喷气发动机如上图所示，拥有各自的专属空间，四个空间内可以同时且连续地按计划工作。获得动力所必需的燃烧也能连续提供，所以即使是小型发动机，也能以高效率实现高输出。

●汽车的发动机

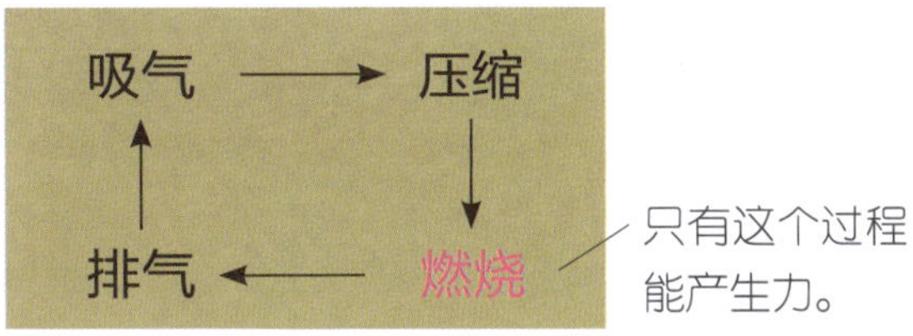

在同一个空间里依次进行四个过程。

●喷气发动机

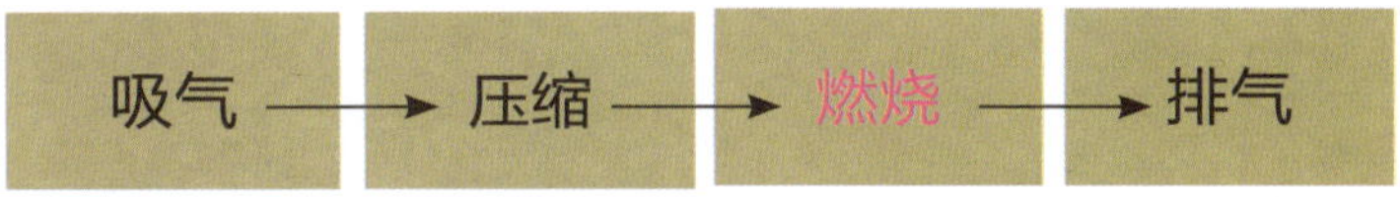

一个过程结束后立刻进入下一个过程，能够连续产生力。

螺旋桨发动机和喷气发动机

螺旋桨发动机是将入口处的空气直接推开，而喷气发动机则是使空气在内部燃烧，然后喷出膨胀的燃气，压强极高，所以使用喷气发动机能够实现高速前进。

螺旋桨发动机是将接触的空气直接推开。

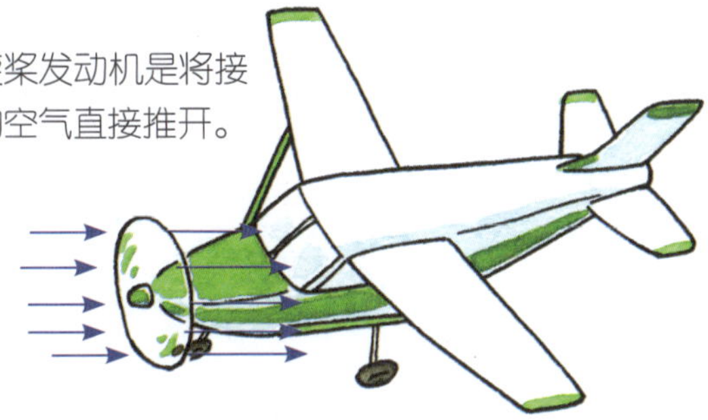

喷气发动机是使空气在内部燃烧，再喷出膨胀的燃气。

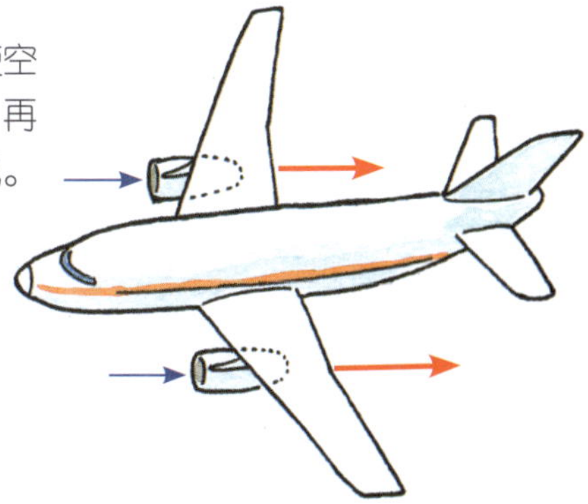

火箭发动机的结构

火箭内载有燃料以及帮助燃料燃烧的“氧化剂”，通过使它们燃烧来喷射高温、高压的气体，喷射的能量被直接用作动力。

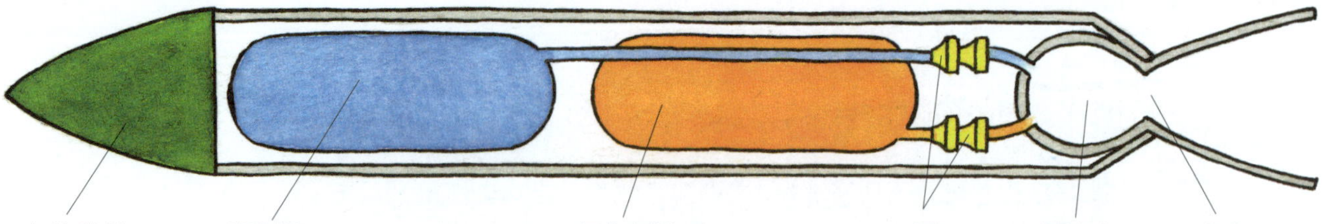

火箭主要使用液态氢作为燃料，另外由于宇宙中没有空气，所以还必须准备用来帮助燃料燃烧的氧气。因此，火箭内载有液态氧，作为产生氧气的“氧化剂”。燃料和氧化剂占火箭重量的90%。有效载荷（人工卫星、探测器等运往宇宙的机器）装在火箭前端。

●燃烧

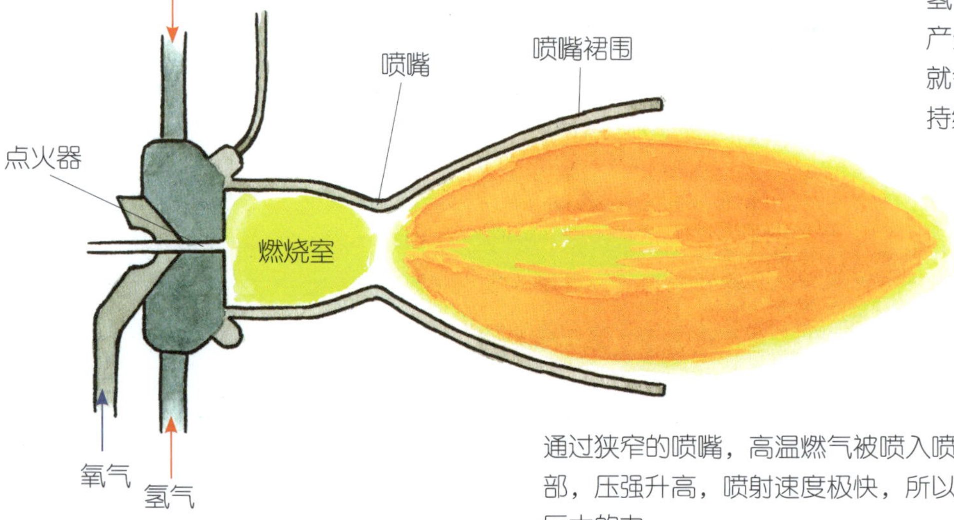

燃料和氧化剂被泵送入燃烧室。氢气和氧气在燃烧室里混合燃烧，产生高温燃气。点火一次后，氢气就会被源源不断地送入，所以能够持续燃烧。

通过狭窄的喷嘴，高温燃气被喷入喷嘴裙围内部，压强升高，喷射速度极快，所以才能产生巨大的力。

火箭发动机

火箭发动机的结构与喷气发动机基本相同，只是在没有空气的宇宙里，燃料无法燃烧。为此，火箭里除了燃料外，还必须搭载帮助燃料燃烧的氧化剂。此外，火箭发动机所使用的燃料也与喷气发动机稍有不同。

火箭的结构

下图为日本制造的 H-IIA 火箭的结构示意图。可以看出，整体有 2/3 的空间是用来装载燃料和氧化剂的。

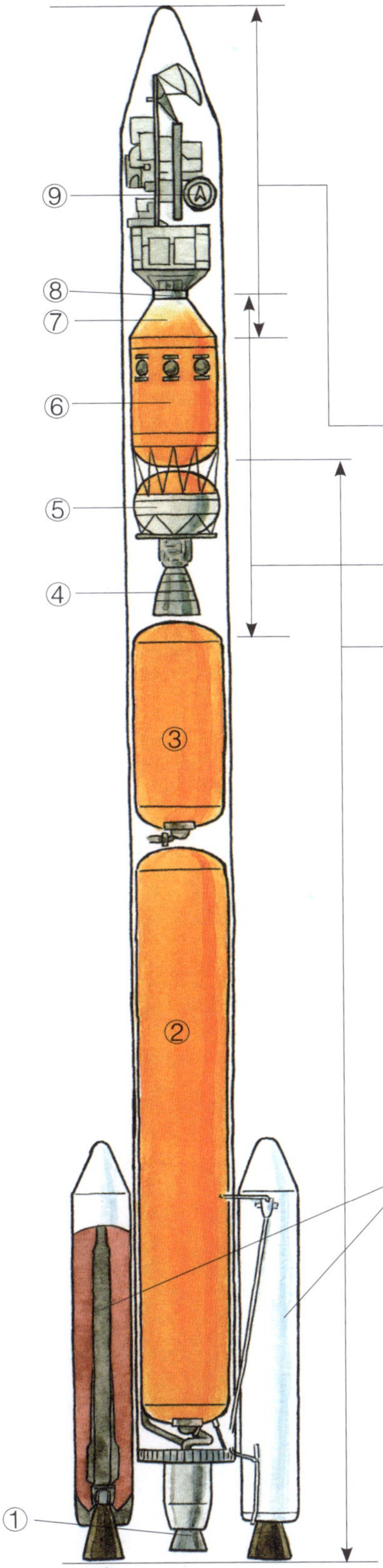

H-IIA 火箭

日本制造的大型火箭。搭载两段式火箭发动机，除了用于发射人造卫星外，还计划用于国际空间站的物资补给。全长 53m，主体直径 4m。

卫星整流罩
收纳卫星的部位。

第二段

第一段

①第一段主发动机
②第一段液态氢箱
③第一段液态氧箱
④第二段发动机
⑤第二段液态氧箱
⑥第二段液态氢箱
⑦副卫星
⑧卫星分离部位
⑨主卫星

为了在发射固体火箭推进器的阶段获得足够大的动力，火箭上还装载了使用固体燃料的发动机作为辅助发动机。根据发射卫星的大小不同，H-IIA 火箭可分别装载 2 个或 4 个固体燃料火箭。

飞向宇宙

要想把巨大的机体送往宇宙，需要更巨大的推力，而要想获得巨大的推力，就需要装载巨大的发动机，以及大量燃料。可如此一来，机体就会超重，也就谈不上效率了。为了解决这一矛盾，火箭的发动机被分成了多段。首先依靠巨大的推力发射，在获得足够的速度后，发动机就会分离，切换成小型发动机，这样就能以很高的效率获得动力。

火箭的燃料

火箭通常使用液态氢作为燃料。氢气和氧气混合发生爆炸，产生巨大的力，这个力就是将巨大的机体送往遥远宇宙的原动力。另外，火箭有时还使用灯油（煤油）作为燃料。虽然比使用液态氢时的速度慢，但同样能够得到巨大的推力，而且需要的燃料箱也更小。

人类首次登月时使用的美国的“土星”号火箭，搭载的就是后一种类型的发动机。

还有些火箭使用的燃料不是液体，而是固体（火药、合成橡胶等）。与液体相比，固体燃料的优点是成本低、易管理、输出更大，缺点是不能像液体燃料那样调节送往燃烧室时的用量，只要一次点火，所有燃料都会燃尽，无法中止。

无须燃料也能工作的发动机

什么是离子

物体是由分子这种肉眼不可见的小颗粒集中在一起组成的，而分子又可以进一步分成更小的颗粒——原子。原子是由中央带正电荷的原子核和围绕原子核旋转的若干轻电子（带负电荷）组成的。

通常，原子核的正电荷量与电子的负电荷量相等，达成平衡。例如氢，正电荷是 1 个，电子数也是 1 个。还有氧，正电荷是 8 个，电子数也是 8 个。正电荷与负电荷数量相等，所以相互抵消，电量为零。

如果从原子里取出 1 个电子，那么原子所带的正电荷就会多出。这种带电状态的原子就称为“离子”。

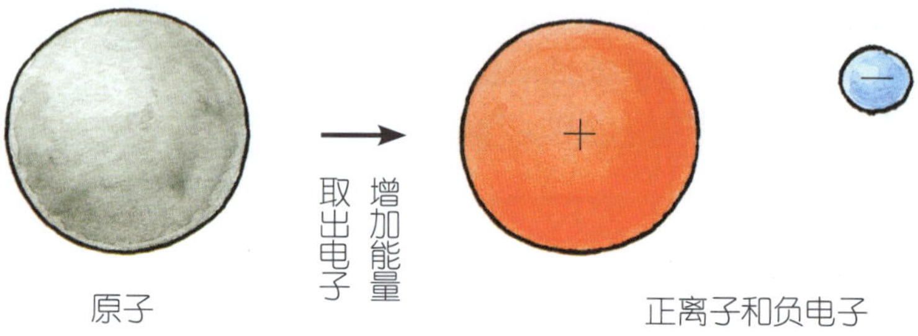

离子发动机的结构

离子发动机通常使用氙作为推进剂，氙原子带有 54 个正电荷，电子数也是 54 个。从储存箱里出来的氙气在离子形成部位受到微波的照射，形成带正电荷的离子，在负电极栅极 2 的吸引下，从栅极 1 的孔中飞出，并在栅极 1 和栅极 2 之间得到加速，最后穿过栅极 2 的孔。

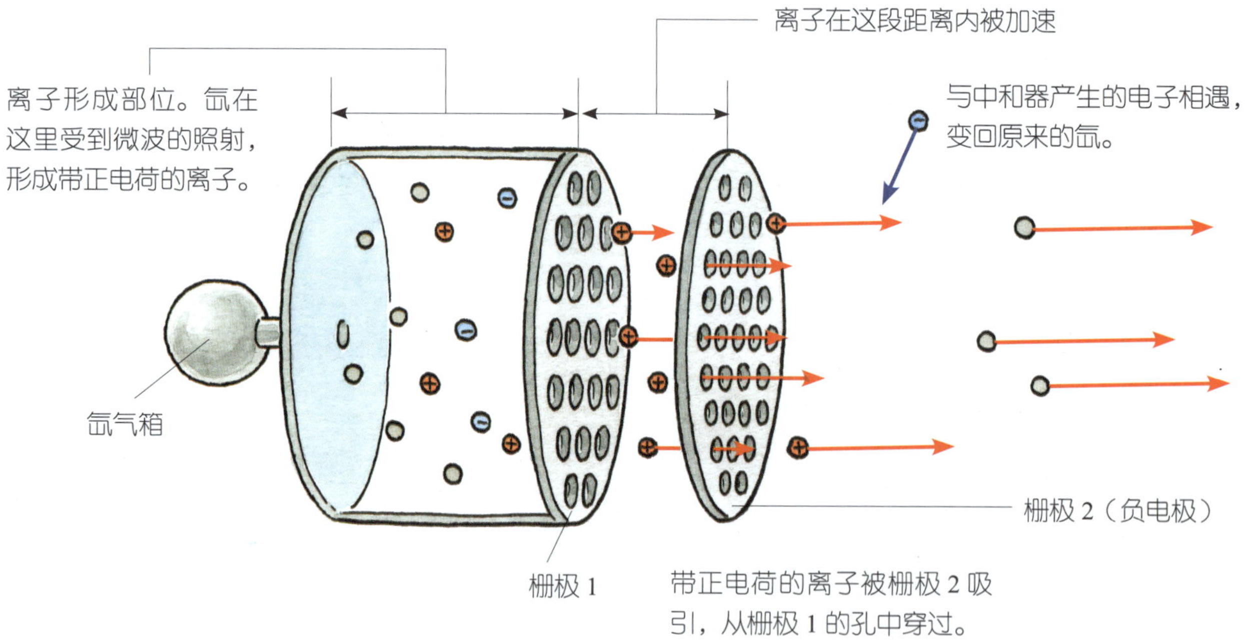

“隼鸟”号行星探测器

“隼鸟”号是世界上首次着陆在月球以外的天体上，并且成功带回该天体成分样本的探测器。“隼鸟”号搭载了 4 台离子发动机。

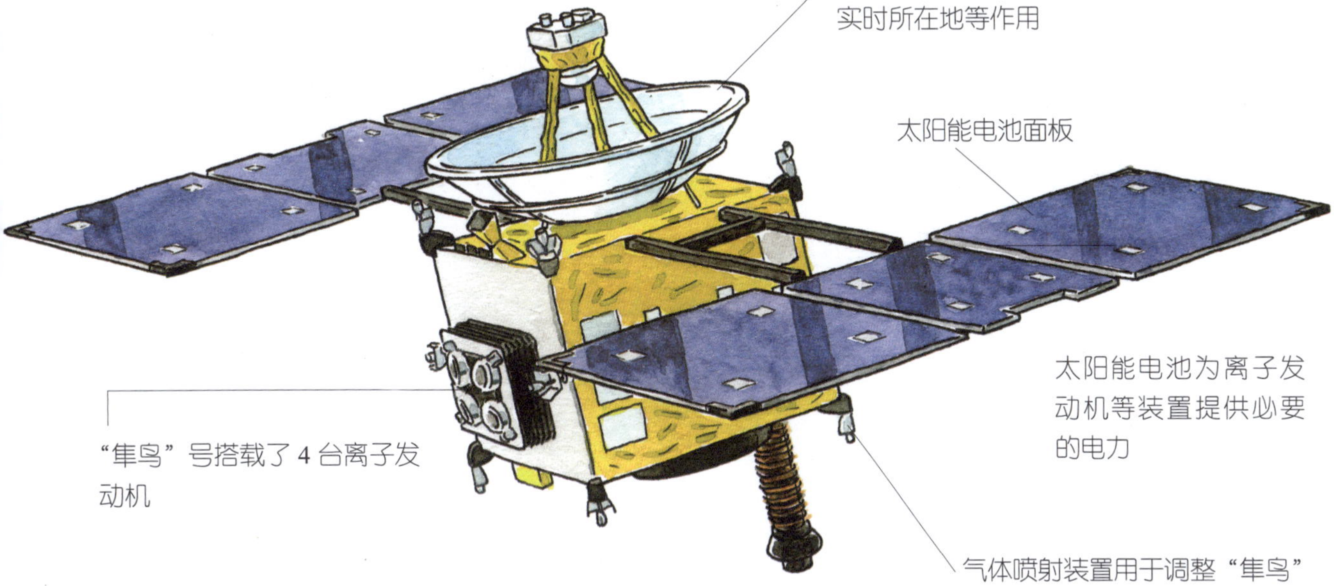

即使发力很小，也能快速移动

离子发动机的推力非常小，每台相当于约 1 枚硬币在地球上所受的重力（约 1g）。然而，在宇宙里没有空气，不会产生摩擦力，而且离地球等行星很远，重力的影响也几乎可以忽略不计。因此，就算是很小的力，只要作用足够长的时间，就能实现快速移动。

尽管“隼鸟”号只同时使用了 3 台离子发动机，但其时速可高达 8000km。

离子发动机是使原子变成离子，再通过电力加速后向后方喷射，利用与喷射方向相反的作用力来使卫星前进，因此无须燃烧燃料。

第5章

电力和磁力

本章介绍我们常用的电力和磁力。正电荷和负电荷会互相吸引，磁铁的两极也会互相吸引，符号相同的电荷或磁极则会互相排斥。用细铜线连接电池的正、负极，就会产生电流。电流流经线圈，线圈就会变成电磁铁。磁铁在线圈内移动，就会产生电流。电机和发电机利用的就是这些性质。

证明静电的存在

准备一张塑料垫板。

先放在头发上，再直接拿开，此时毫无变化。

接下来将塑料垫板放在头发上摩擦，然后拿开。这一次，头发会在塑料垫板的吸引下直立起来。

这就是产生静电的证据。

静电力

两种不导电的物体互相摩擦，就会分别带上正电荷和负电荷。此时产生的电荷称为“摩擦电荷”。摩擦电荷产生后，在一段时间内会保持静止，因此又称“静电荷”。

是正还是负

两种物体互相摩擦，可能产生正电荷，也可能产生负电荷。不过，有些物体在一定程度上存在明显倾向。也就是说，有的物体容易带正电荷，有的物体容易带负电荷。

头发与塑料垫板互相摩擦时，塑料垫板带负电荷，头发带正电荷。

摩擦实验

大家可以实验一下，看看产生静电后会发生怎样的反应。

将两根吸管用餐巾纸摩擦，然后互相靠近，会发生什么现象？

答案 互相排斥。

将吸管用毛巾摩擦，然后靠近水龙头下的细水流呢？

答案 在吸管上蓄积的静电荷的作用下，水流会弯向吸管一侧。

大家不妨找来多种物体摩擦，看看都会有什么反应！

身边的磁铁

仔细观察就会发现，我们身边有很多地方都使用了磁铁。例如在厨房，妈妈经常会在冰箱门上贴上便利贴，此时就用到了磁铁。

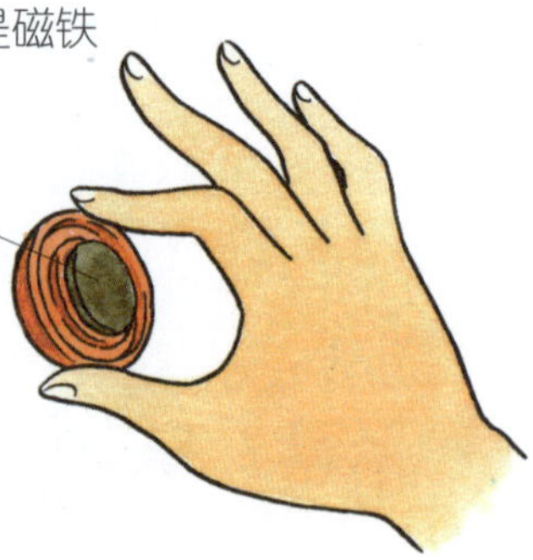

这里是磁铁

利用磁铁制成的玩具

这个部位是磁铁，把两节车厢连在一起。

磁铁有各种形状，也有多种材料。无论是哪种磁铁，都具有吸引铁或其他磁铁的力（磁力）。

铁氧体磁铁

钕磁铁

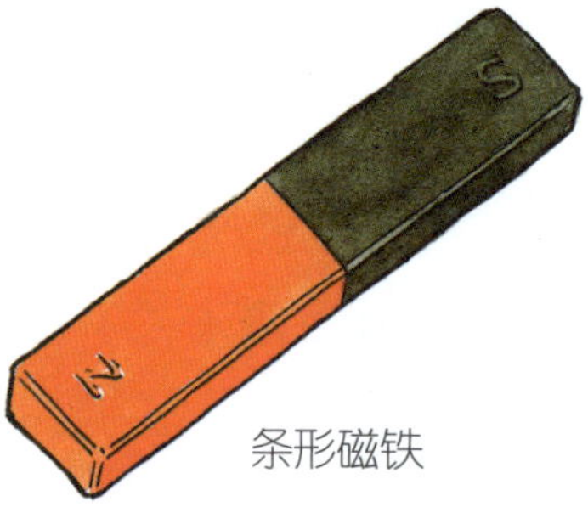

条形磁铁

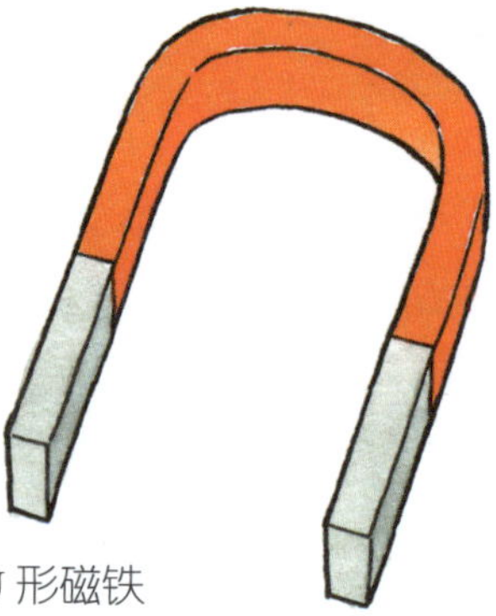

U 形磁铁

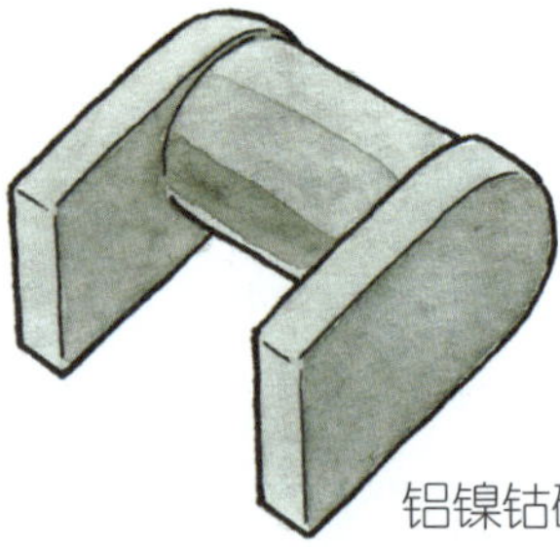

铝镍钴磁铁

铁氧体磁铁、钕磁铁、铝镍钴磁铁是根据材料命名的，条形磁铁、U 形磁铁是根据形状命名的。这些磁铁无须施加外力，本身就长久具备磁力。这样的磁铁称为“永久磁铁”。

磁力

磁铁有 N 极和 S 极两个极（磁极），具有吸引铁等物质的性质。磁铁彼此靠近时，不同磁极间产生吸引力，同磁极间产生排斥力。使用强力的磁铁，能够吊起人体甚至更重的物体。利用磁铁的吸引力和排斥力，可以制成各种各样的工具。

亲自尝试

大家不妨尝试一下，将磁铁靠近各种物体，例如家里的窗框、门把手、图钉、瓶罐（咖啡罐、果汁瓶等）、眼镜、衣夹、自行车、汽车玩具、公园沙坑里的沙子……

被磁铁吸引的物体，肯定都是铁或与铁性质相似的物体。

用磁铁做游戏

将两个磁铁彼此靠近时，如果是一方的 N 极与另一方的 S 极靠近，则磁铁会互相吸引；如果是 N 极与 N 极、S 极与 S 极互相靠近，则磁铁会互相排斥。想象一下，如果有两个强力的大磁铁，就能用来做下面这样的游戏。

利用吸引力的磁铁拔河。

利用排斥力的磁铁互推。

两个磁铁靠得越近，吸引力或排斥力就越大。

通过肉眼确认磁场的存在

磁场本身是无法用肉眼观察到的，但通过简单的实验，就能确认磁场究竟是如何作用的。

把磁铁放在公园的沙坑里，就会吸引沙子里的铁砂。利用足够多的铁砂，就能通过实验确认磁场的存在。

用一张薄纸盖住磁铁，在纸上均匀地撒上铁砂。铁砂会被磁力吸引，排列成线状。这样的线称为“磁力线”。

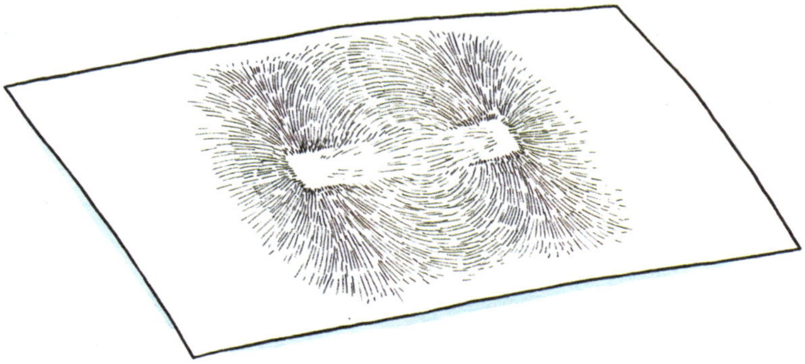

磁场的方向和强度

磁力线从 N 极出发，指向 S 极。磁场的方向与磁力线的方向一致，磁场的强度与磁力线的间距有关。磁力线越密集的地方，磁场就越强；磁力线越稀疏的地方，磁场就越弱。

●磁铁的磁场

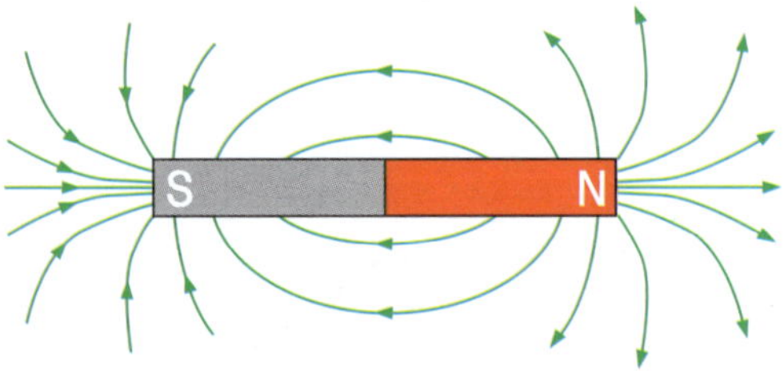

在条形磁铁的两个磁极附近，磁力线很密集，也就是磁场强。

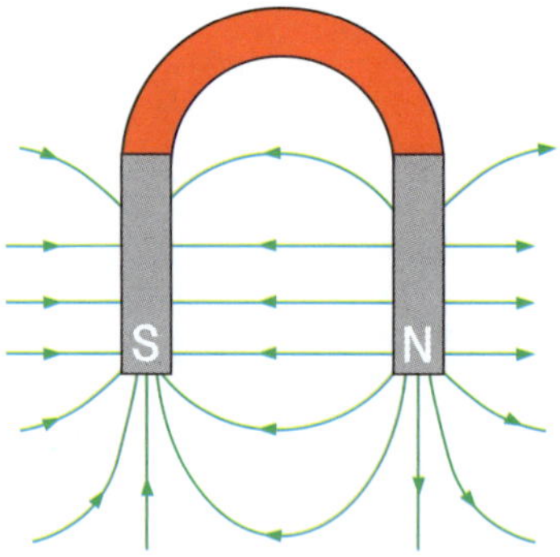

U 形磁铁的 N 极和 S 极彼此相邻，两个磁极之间的磁场几乎是平行分布的。

磁场 尽管用肉眼看不见，但在磁铁周围及 N 极与 S 极之间，的确存在作用力。这种隐形的力所作用的空间称为“磁场”。表现磁场形状的是“磁力线”，磁力线从 N 极出发，指向 S 极。

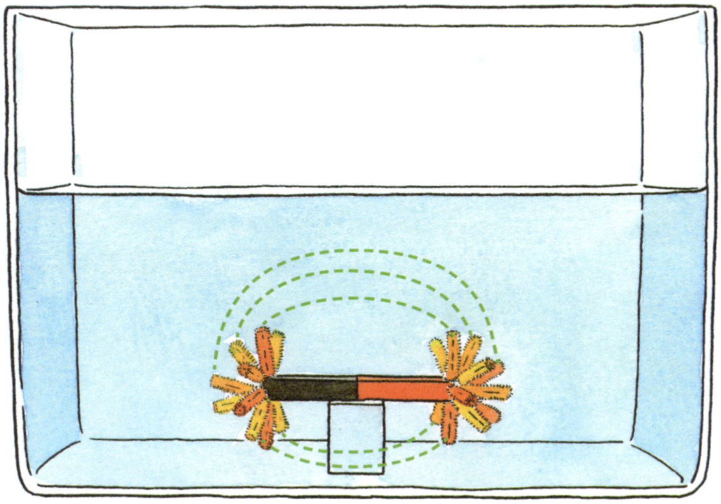

把条形磁铁放入装有水的水槽，再放入剪短的铁丝扭扭棒。铁丝扭扭棒会被吸在磁铁上，并且整体呈现椭圆形的弧。

地球是个大磁铁

我们生活的地球就是个大磁铁。指南针之所以始终指向固定的方向，正是因为地球与指南针互相吸引的缘故。

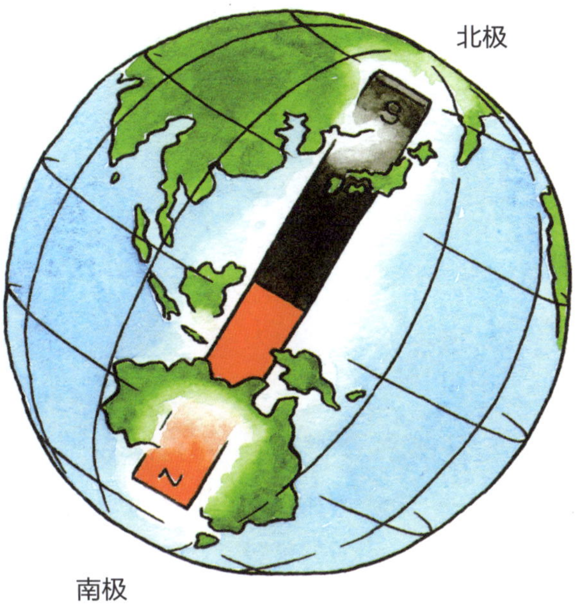

地球的北极附近是 S 极，南极附近是 N 极。

指南针（罗盘）

把指南针平放在手心上，无论手朝向哪个方向，指针总会指向固定的方向。这是因为指南针的 N 极与地球的北极一侧（S 极）互相吸引的缘故。

指南针是在距今约 1000 年以前，由中国人发明的，它对当时的航海发展起到了至关重要的作用。比如说，在太平洋和大西洋的中央，周围看不到任何物体，如果没有指南针，根本无法确定方向。哥伦布之所以能发现新大陆，也是因为通过指南针准确把握了正确的前进方向。

电磁铁的原理

卷成长条螺旋状的铜线称为“线圈”。在线圈内插入铁芯（铁棒）通电，铁芯就会像磁铁一样，吸引铁等金属。

●作用在电磁铁上的磁力

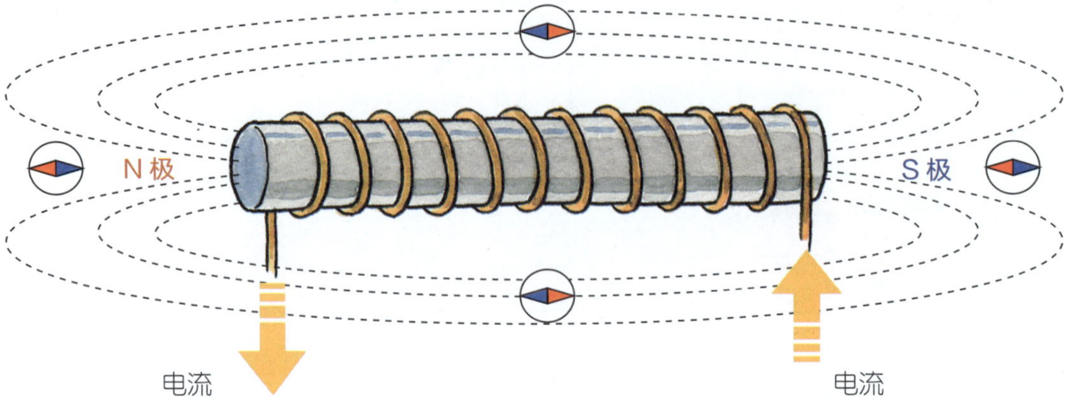

尝试制作电磁铁

把吸管套在铁钉上，从一端仔细地缠满漆包线。

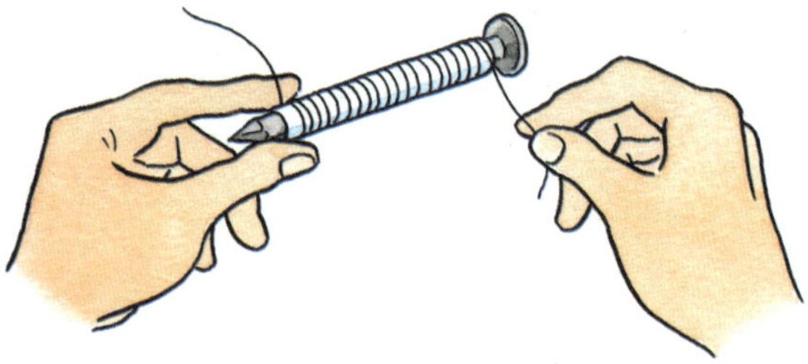

准备物品

- ●漆包线（约 1m 长）
- ●干电池
- ●粗铁钉
- ●吸管
- ●砂纸

为了确保顺利导电，用砂纸将漆包线的两端磨穿，露出内芯，分别连接在干电池的两极上。

电磁力

在铁芯上缠绕线圈通电，就会产生与磁铁同样的力（磁力）。此时的铁芯称为“电磁铁”。与永久磁铁不同，电磁铁一旦断电，磁力就会消失。此外，如果改变电流的正极和负极，则电磁铁的 N 极和 S 极也会互相置换。

磁铁与电磁铁

大家不妨使用磁铁和自制的电磁铁，进行若干实验。

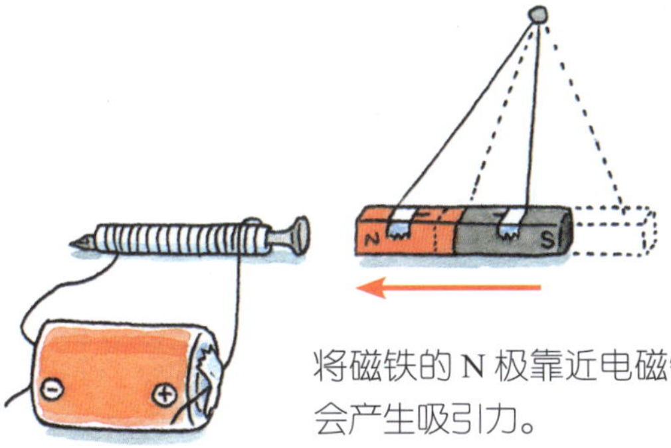

将磁铁的 N 极靠近电磁铁，就会产生吸引力。

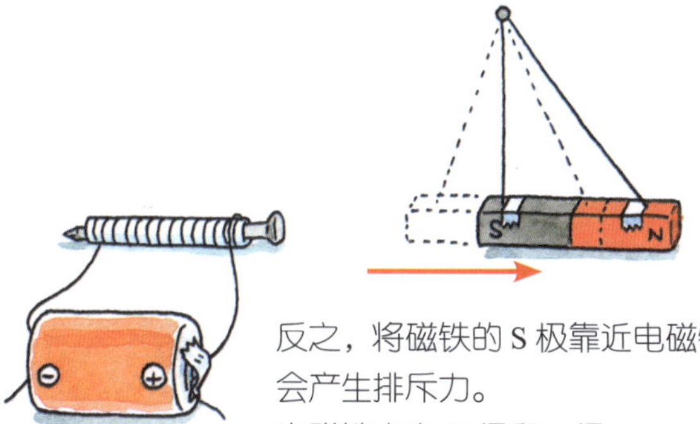

反之，将磁铁的 S 极靠近电磁铁，就会产生排斥力。
电磁铁也有 N 极和 S 极。

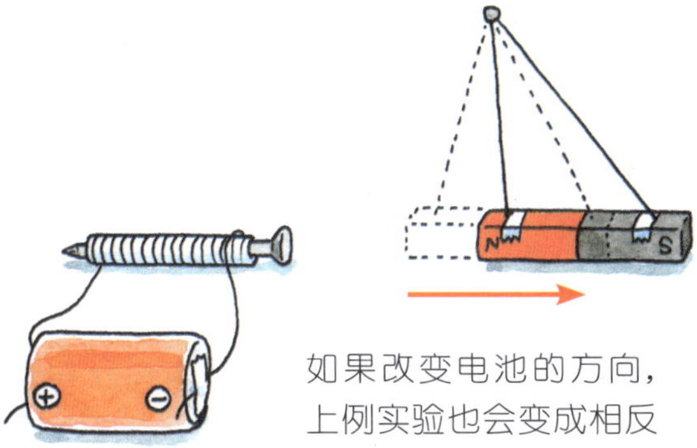

如果改变电池的方向，上例实验也会变成相反的结果。

利用电磁铁抬升重物

通过利用电磁铁制成的机械，就能搬运人力搬不动的重物。

使用吊车搬运重物

红色部分是电磁铁

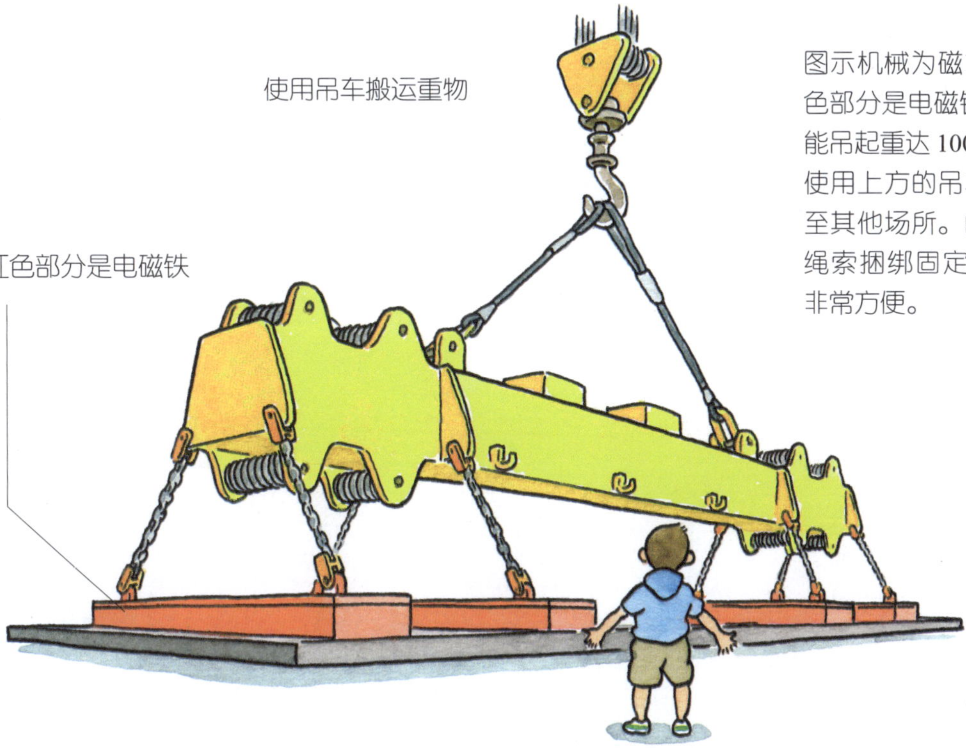

图示机械为磁力起重机。吊在下方的红色部分是电磁铁。这些电磁铁非常强力，能吊起重达 10000kg（10t）的铁板。
使用上方的吊车，就能把吊起的铁板运至其他场所。由于只是吸住，无须使用绳索捆绑固定，卸载时只要断电即可，非常方便。

身边的电机

电机是利用磁力来获得“旋转力”的工具。在我们身边，就有许多机械是利用电机来驱动的。

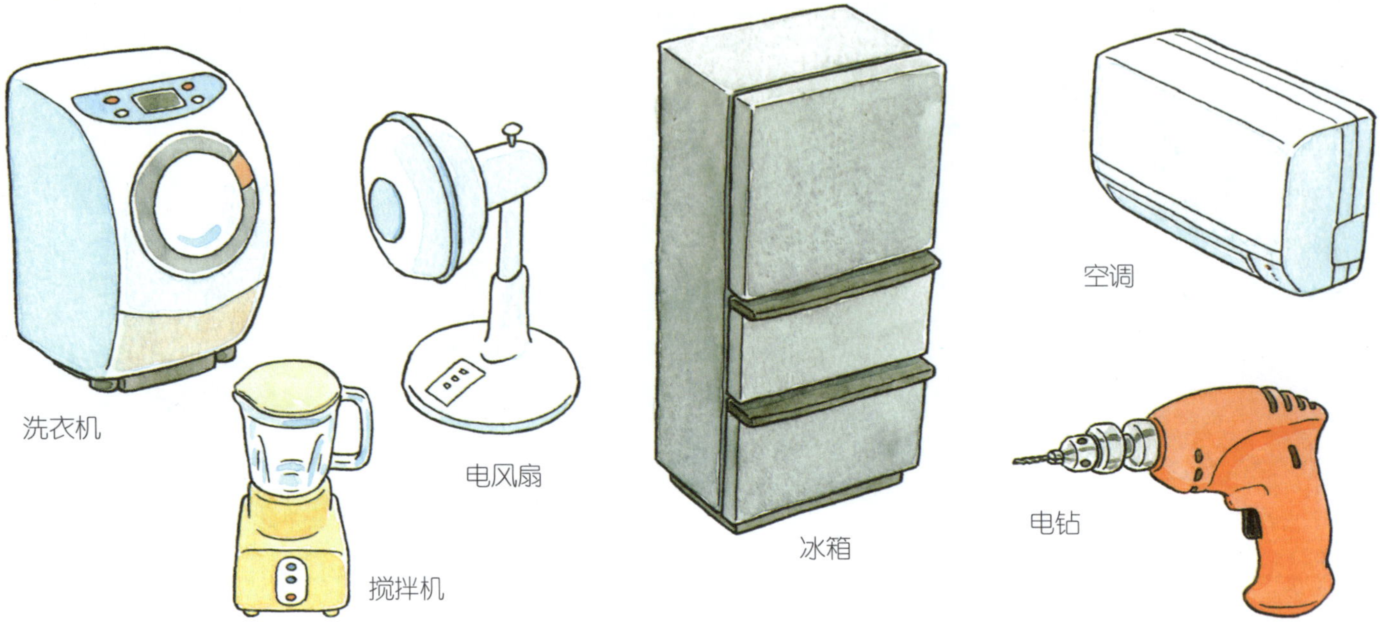

我们身边还有许多玩具，都是利用电机来驱动的。

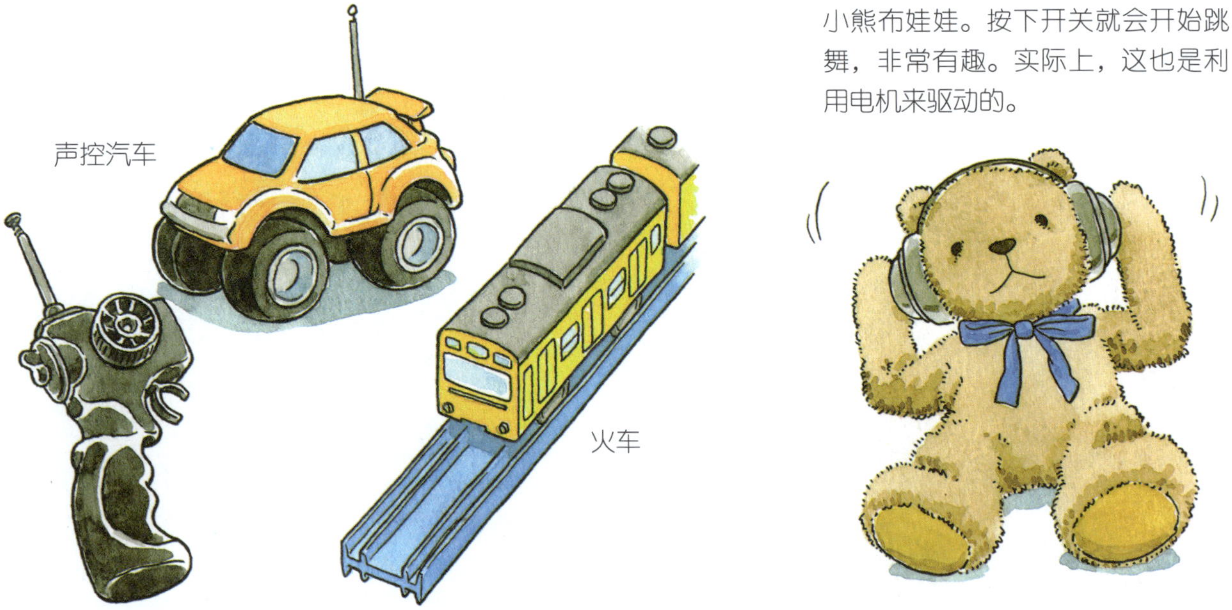

小熊布娃娃。按下开关就会开始跳舞，非常有趣。实际上，这也是利用电机来驱动的。

电机的原理

电机使用永久磁铁或电磁铁，利用相同磁极（例如 N 极与 N 极）互相排斥、不同磁极（例如 N 极与 S 极）互相吸引的力，来获得旋转的力。

电机旋转的原理

下面通过使用一个电磁铁的简易电机，来看看电机旋转的原理。

①

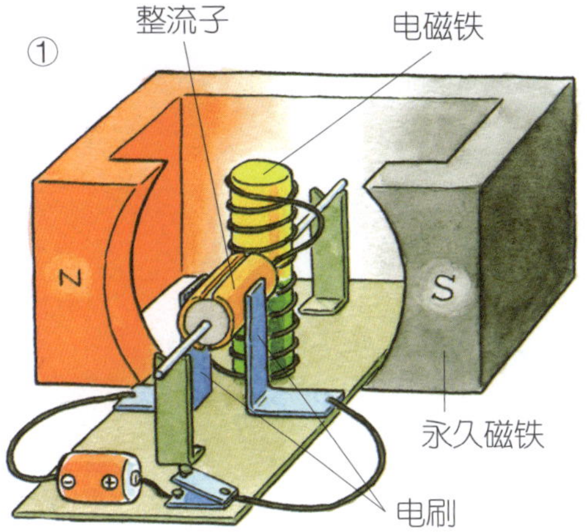

①永久磁铁中间放有旋转的电磁铁，电磁铁的旋转轴上装有整流子。电磁铁的线圈可以通过电刷和整流子通电。

②是①的正面示意图。打开开关，线圈通电，电磁铁的黄色一侧成为 S 极，绿色一侧成为 N 极。此时，电磁铁与永久磁铁互相吸引，电磁铁开始逆时针旋转。

③开始旋转的电磁铁无法迅速停止，所以会越过水平位置，变成黄色一侧朝下，绿色一侧朝上。

④此时，整流子与先前相反的电刷接触，所以流经电磁铁的电流方向也是相反的。如此一来，黄色一侧就会变成 N 极，绿色一侧变成 S 极。此时，电磁铁与永久磁铁互相吸引，仍会继续旋转。

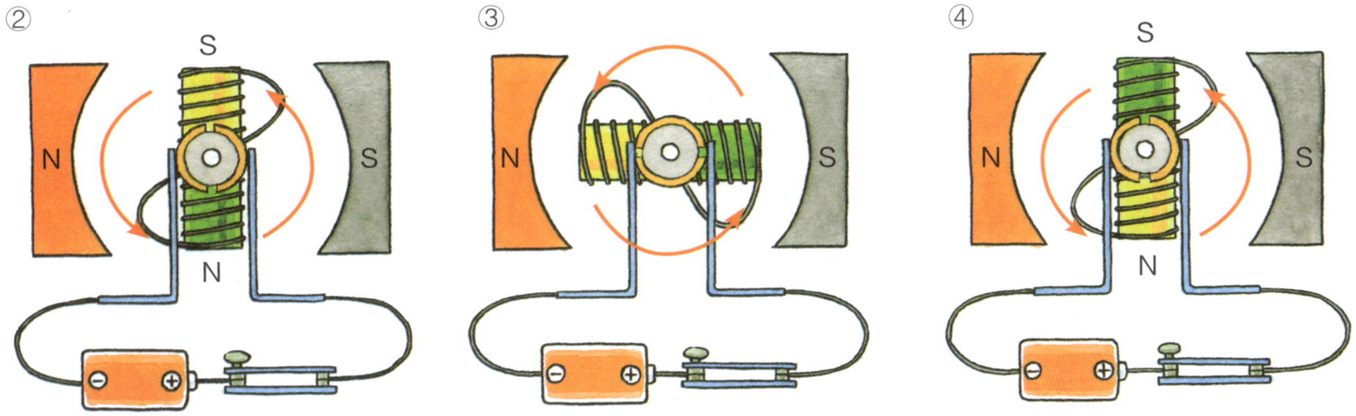

拆解小型电机观察可以发现，外壳内壁装有 2 个永久磁铁，旋转轴上装有 3 个电磁铁。

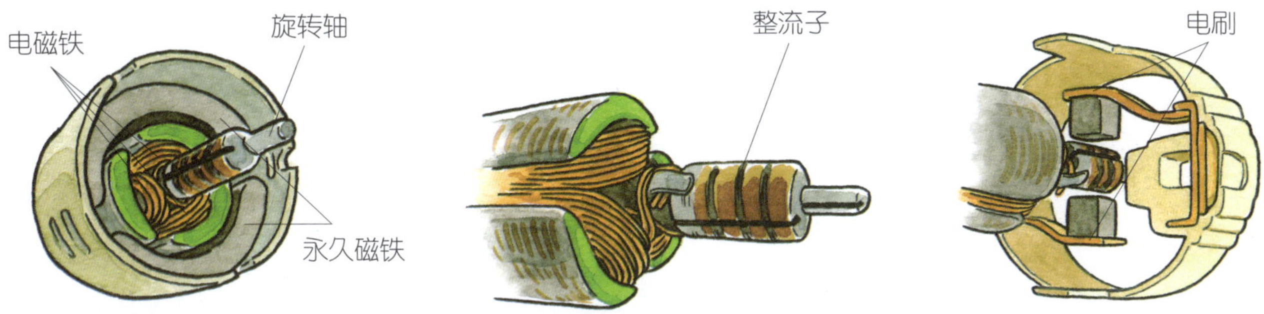

在轴上安装重物

在旋转轴上安装平衡性差的重物，旋转时就会产生振动。上一页介绍的会跳舞的小熊布娃娃，使用的就是装有重物的电机。此外，手机调成振动模式时，也是装有重物的小型电机振动器（左图）旋转，通过振动做出短信提醒。电机振动器比一枚硬币还小。

尝试制作发电机

家庭或工厂的用电，通常来自装有大型发电机的发电厂，通过电线输电。实际上，如果是很小的发电机，自己就能尝试亲手制作。

挑战“人力发电”！

其实发电并不难，只要掌握简单的实验方法，任何人都可以尝试。

■准备物品

- 不太粗且足够结实的玻璃管
- 漆包线和迷你灯泡
- 两个橡皮塞
- 条形磁铁

①在玻璃管上缠绕漆包线，制成线圈，线圈两端连接迷你灯泡。

②在玻璃管里放入条形磁铁，用橡皮塞堵住两端管口。

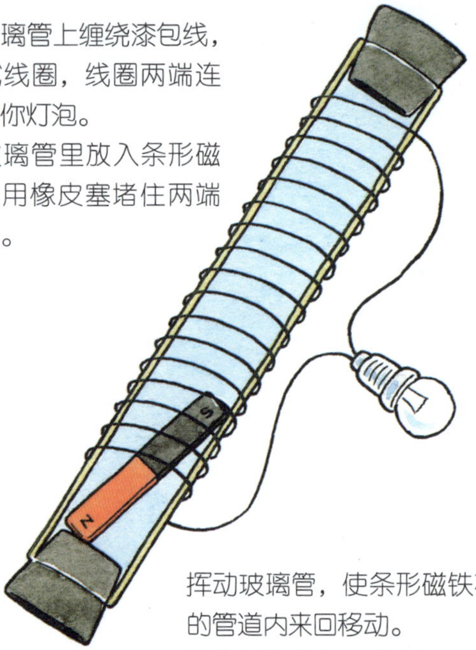

挥动玻璃管，使条形磁铁在线圈缠绕的管道内来回移动。

迷你灯泡点亮，成功！

不过，只有在挥动玻璃管时，迷你灯泡才会点亮。

在线圈附近移动永久磁铁，就会产生电流（发电），能够点亮迷你灯泡，也能驱动电机旋转。

利用电机发电

电机是用电驱动的。反之，能不能利用电机来发电呢？

①准备两个电机，将轴用橡皮管连在一起。
②一个电机连接迷你灯泡，另一个电机连接干电池。

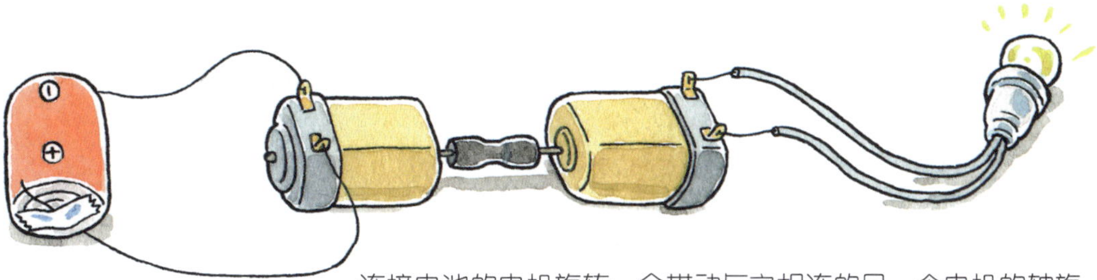

连接电池的电机旋转，会带动与之相连的另一个电机的轴旋转。如此一来，第二个电机上的磁铁就会产生电流，使迷你灯泡点亮。

各种发电机

发电机是将动能转化成电能的装置。只要灵活利用，就能制造出很多有趣的发电机。

利用按压电脑键盘的力的发电机

能不能制造出利用洗澡剩下的热水的发电机呢？

利用仓鼠在笼中跑动的发电机

第6章

能量

能量是指能够发挥各种作用的隐形的能力，其形式多种多样，例如电能、热能等。与力和运动有关的能量分为“动能”和“势能”。理科所说的“功”，是指对物体施加力，使其朝着力的方向移动。要想做功，能量是不可或缺的。

把物体搬到高处

哥哥搬着 10kg 的物体登上 6m 高的台阶，我搬着 2kg 的物体登上同样的高度。哪边做的功多呢？

用算式表示比较容易理解，即：
哥哥的做功量是 10（kg）×6（m）=60（kgm），我的做功量可理解为 2（kg）×6（m）=12（kgm）。
将物体搬到相同的高度时，物体越重，做的功就越多。也就是说，哥哥做的功更多。

可是……

我也不想输给哥哥，还想再努努力。这回，我把 10kg 的物体分成 5 次搬运，每次 2kg。

哥哥的做功量是 10（kg）×6（m）=60（kgm），我则搬运了 5 次 2kg 的物体，总计 10kg。
用计算式表示，就是 2（kg）×5（次）=10（kg）、10（kg）×6（m）=60（kgm）。
啊，和哥哥一样！这样就平手了。

功

理科所说的“功”，是指对物体施加力，使其朝着力的方向移动。用公式表示，就是“力×朝力的方向移动的距离”。垂直举高时，就是“物体的重量×举起的高度”。

水平移动物体

在冰面上推动冰壶的砥石，能够滑行很远。

在这种情况下，只有在最初推动时施加了力。也就是说，推力只有在这段时间内做了功。砥石在冰面上滑行时并未受到推力的作用，所以没有做功。

推动装载货物的手推车，然后松开手，手推车就会载着货物滑行很远。

这种情况也一样，推力只在最初的短时间内做了功。在那之后，手推车只是遵循惯性定律继续滑行。也就是说，推力在后面的滑行过程中没有做功。

上述两例均未考虑“摩擦力”。实际上存在摩擦阻力，所以移动的物体终究会停下来。我们来想想看，持续推着物体移动，其实就是持续施力以抵抗摩擦力，所以是做功的，但是摩擦力的具体大小很难判断，做功量无法简单计算得出。

关于“功”的小竞猜

问题 1　搬着货物站立不动，很快就会感到累。此时做功了吗？

答案　货物没有移动，所以没有做功。即使人搬着货物在水平方向上移动，也只是人在移动，并没有对货物施加水平移动的力，所以还是没有做功。

问题 2　用拖布拖地时，力的方向与拖布移动的方向并不一致，此时做功了吗？

答案　力可分解为水平方向和垂直方向，只有水平方向的力做了功。

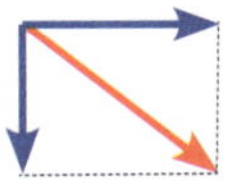

斜向作用的力可以分解为水平方向和垂直方向两个方向上的作用力。

什么是能量?

能量是做功的“根本”。物体的做功无法超出本身所具有的能量。

发现能量

能量用肉眼是看不见的，但通过简单的实验，我们就能证明它的存在。

例如，玩弹球游戏时，被弹出的弹球在桌案上滑行后，撞在其他弹球上，将其弹飞。此时的弹球是具有能量的。像弹球这样的运动物体所具有的能量称为“动能”。

弹出弹球时用力越大，被撞的弹球就飞得越远。

还有，把足球放在斜坡上松开手，足球就会沿着斜坡滚落。之所以不用施加力足球就能滚落，是因为位于高处的足球也具有能量。像这样与“位置”有关的能量称为“势能（位能）”。

开始滚落时的位置越高，足球滚落的势头就越猛。

机械能

能量分为“动能”“势能”等。运动的物体同时具有这两种能量，静止的物体只具有“势能”。物体所具有的这两种能量统称为“机械能”。

动能和势能

下面来归纳一下这两种能量的特点。

动能

只要是运动的物体，就具有动能。其特点归纳如下：

- 速度快的物体比速度慢的物体具有的动能多。
- 重物比轻物具有的动能多。

用玩具汽车撞皮球时，汽车的势头越猛，球的滚动速度就越快，滚出的距离就越远。这是因为玩具汽车将其所具有的动能传递给了球。

势能

高度与势能的关系如下所示：

- 重量相同时，高处的物体比低处的物体具有的势能多。
- 高度相同时，重物比轻物具有的势能多。

皮球下落后弹起的例子，表现了势能转化成动能的情况。势能只有转化成动能后，才能发挥力量。

热、电、光能的转化

热、电、光均能转化成动能。也就是说，利用这些能量能使物体移动。

热能的转化

蒸汽机车是利用烧煤时产生的热使水沸腾，形成蒸汽，利用蒸汽的力来牵引沉重的客车或货车。这就是热能转化成动能的一个例子。

电能的转化

利用电机通电，可以使物体移动。这是电能转化成动能的一个例子。

即使有了电机，如果不通电，也无法使物体移动。

能量转化

除了动能、势能等“机械能”外，还有热、电、光能等多种能量。利用这些能量，可以使物体移动。也就是说，这些能量能够转化成动能，发挥出另一种的力量。由此可见，能量是可以互相转化的。

光能的转化

光能也能转化成动能。

辐射计是将光能转化成动能的实验装置。辐射计的叶片一面是银色的，另一面是黑色的。用光照射叶片时，涂黑的一面易吸收光，温度略微升高，使周围的空气受热，形成对流，推动叶片旋转。

光的强度不同，或者光源种类（如荧光灯、白炽灯等）不同，旋转速度也不一样。

太阳能汽车是将太阳光能转化成电能来驱动电机的。

动能也能转化

与前面的例子相反，动能有时也能转化成热能、电能等能量。

●从动能到热能

在寒冷时，我们会情不自禁地搓手，摩擦的位置就会变热。这是因为，手的动能在摩擦的位置转化成了热能。

●从动能到电能、光能

捏动带有发电机的手电筒的手柄，灯泡就会点亮。其原理如下——首先，手柄的动能转化成了电能，电能继而转化成了灯泡的光能。

整体大小不变

经过前面的介绍，我们已经知道，所有能量都能转化成其他种类的能量。这种转化只是形式上的变化，能量本身的大小是不变的。

做饭时使用的电热器是将电能转化成热能来加热食物的。玩具汽车上的电机是将干电池所具有的电能转化成动能来驱动汽车的。驱动机车的蒸汽机、以极快的速度飞行的喷气客机，都是通过将其他形式的能量转化成动能来驱动的。此时，原本的能量与转化后的能量大小相等。

而且……

原本的能量并不是完完全全地转化成了同一种能量。

带电机的玩具汽车如果不停玩很长时间，电机就会变热。这是因为，电机的电能除了转化成驱动汽车移动的动能外，还有一部分转化成了热能。

动能和热能加在一起，与电机最初的电能相等。

能量守恒定律

举个例子，当足球选手踢球时，选手具有的能量会传递给球。球接受来自选手的能量，就会飞出很远。此时，选手传递的能量与球接受的能量大小相等，这称为“能量守恒定律”。不过……

能量消失了？

下面通过势能与动能之间的关系，来研究一下能量的转化。
不妨举个简单的例子，例如下图所示的骑自行车过坡道。

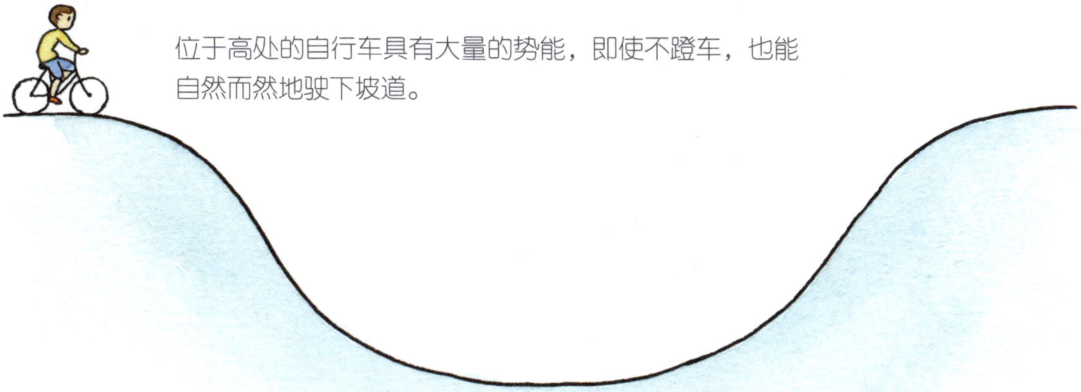

位于高处的自行车具有大量的势能，即使不蹬车，也能自然而然地驶下坡道。

越向下行驶，自行车具有的势能就越少，但同时，自行车的下降速度会越来越快，也就是动能越来越多。

到达最低处时，自行车的速度达到最快。

然后，自行车开始上坡，此时仍然不用蹬车就能前进。
上坡时，势能变得越来越多。位置越高，速度就越慢，因为动能在逐渐减少。当上升到某个高度时，自行车就会停止，但此时的位置要比最初的高度低。

啊？一部分能量消失了？
并非如此。原因其实在于自行车与路面之间产生的“摩擦力”，以及自行车与空气之间的“摩擦力”等。在“摩擦力”的作用下，一部分动能转化成了热能。
自行车行驶时使用的动能加上转化成热能的那部分动能，下坡和上坡的能量就是相等的。

关于“摩擦力”的具体介绍，请参照第 20 页。另外，第 22 页、第 146 页也有关于摩擦力的内容。

如何减小摩擦力

改变材料

球在地面上滚动时，坚硬的地面比柔软的地面摩擦力小，平滑的地面比粗糙的地面摩擦力小。以球的材料而言，铁球比皮球受到的摩擦力小。

摩擦力越小，以热能形式损失的能量就越少。

改变形状

球状物体比筒状物体与地面的接触面积更小，所以受到的摩擦力也更小。

利用轴承

自行车的车轮轴上装有轴承，能够减小轴与车轮之间的摩擦力。

关于“轴承”，请参照第 23 页。

节能

减小摩擦力或减轻物体的重量，移动物体所需的能量也会减少。减小以热能、光能等形式损失的能量，关系到能量的有效利用。最近的机械和工具，均在高效利用能量的方面下了很大的功夫。

减轻重量

例如，减轻列车的重量，得到相同速度时所需的能量就会减少。这也是一种节能的手段。使用轻金属作为材料，或者优化结构设计，都能减轻车身的重量。

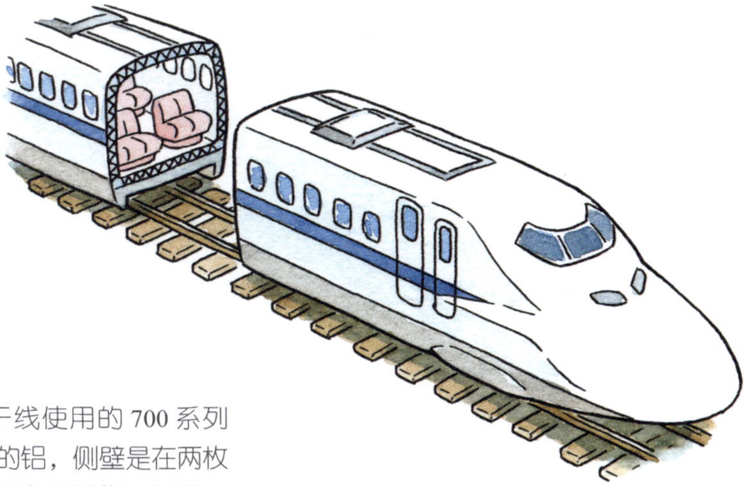

日本东海道新干线和山阳新干线使用的 700 系列车，车身材料使用了比铁更轻的铝，侧壁是在两枚薄板之间夹入另一块板，形成三角形结构。如此一来，就能得到更轻、更坚固的车身。

从白炽灯到 LED 灯

就在几年前，大多数家庭使用的还是白炽灯泡，长时间使用会变得很热。到了最近，使用 LED 灯（发光二极管）的家庭变得越来越多，即使连续长时间使用，温度也几乎不会升高。

●白炽灯泡

灯丝
电流流经这里，发出强光。

●LED 灯泡

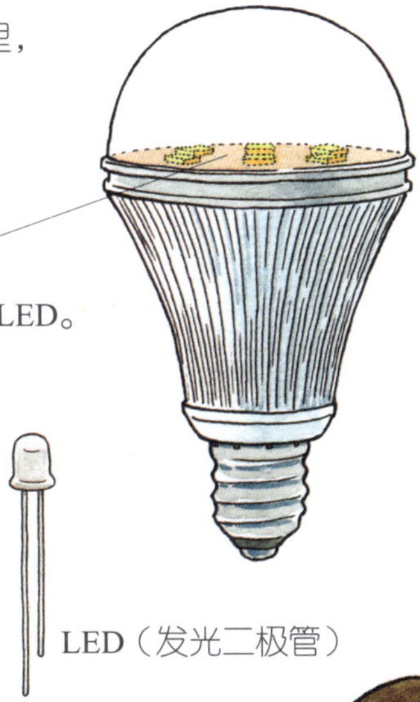

里面排列着 LED。

LED（发光二极管）

圆盘上排列着若干 LED，从外面是看不见的，圆盘底部装有点亮 LED 的电路。

提供给 LED 的电能能够高效率地转化成光能。LED 发出的光几乎不含传递热的红外线，所以就算使用很长时间，也不会像白炽灯泡一样变热（不过，电路部分还是会发热的。为了散热，灯泡底部使用了表面粗糙，增大表面积以更好散热的铝）。

白炽灯泡是使电流从位于玻璃球中央附近的灯丝中流过，使灯丝温度升高来发光的。这种灯泡结构简单，但效率低，会浪费不少电力。

用 LED 发出的光照射辐射计，辐射计并不会旋转。这是因为，LED 发出的光并不足以产生使辐射计叶片温度升高的热量。

第7章

载具对比

人类掌握了力的作用，使技术迅速发展，无论是在陆地上、海上还是空中，都制造出具有各自特点的载具。在广阔的海洋上，有运输大量货物的船；在天空中，有飞行速度极快的喷气客机；在陆地上，有电机旋转驱动的列车，有发动机驱动的汽车，还有人力驱动的自行车等。我们可以根据不同的目的，灵活地选择载具。

速度最快的载具是哪个？

国际空间站

飞行在地球上空约 400km 高度的无空气地带。因为无须考虑空气阻力，所以外表凹凸不平也没关系。围绕地球飞行 1 周所需时间约为 90min。

喷气客机

喷气客机的飞行高度约为 10000m。该高度的气压约为地面上的 1/4，所以空气阻力也比地面上的小。而且，飞机整体均呈流线型，能够尽可能减小空气阻力。

高速列车

以约 300km/h 的速度飞驰在铁轨上。由于速度越快空气阻力越大，所以高速列车的前端呈细长形，以便尽可能减小空气阻力。当高速列车驶出狭窄的隧道时，会发出巨大的声响，这是由于高速列车以极快的速度与狭窄入口的空气相撞击而导致的。

速度对比

速度可通过移动一定距离所需时间来计算（速度 = 移动距离 ÷ 所需时间）。例如，骑自行车前往 30km 远的地方用时 2h，平均每小时前进 15km，所以时速就是 15km/h，“/h”表示每小时。如果表示每秒前进多少米，例如 10m，即可写成“10m/s”，“/s”表示每秒。

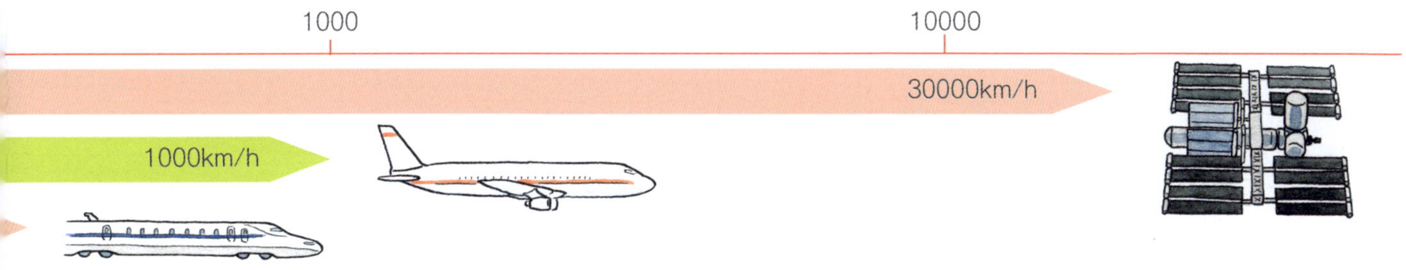

空气阻力

人在行走时，几乎感觉不到空气阻力，但快速骑自行车时，就能感到有风，也就是空气阻力。

汽车也好，高速列车也好，载具在高速行驶时，都会受到很大的空气阻力。要想提高速度，载具的外形需要优化设计，以便尽可能地减小空气阻力。不过，火箭一旦飞进宇宙，就不需要考虑空气阻力了。在宇宙空间，载具的速度会越来越快，能够达到喷气客机的 30 倍。

汽车

在高速公路等路面宽广、设施完善的道路上，汽车的时速可达 100km/h。如果路面凹凸不平，速度太快就很危险，只能缓慢行驶。汽车非常便利，只要有路能通汽车，就能前往任何地方。

轮船

船的速度比陆地载具的速度低，而且会受到很大的水的阻力，很难提速。

自行车

自行车的速度可以达到步行速度的几倍，迎风骑车的感觉也很爽快。而且，自行车不像汽车、飞机那样需要使用发动机，所以也很环保。

地球也是巨大的载具

地球也可以视为广袤宇宙中的一个巨大的载具。地球以南极和北极为轴，每天自转 1 次。在赤道附近，可视为以时速 1600km/h 的速度向东移动。此外，地球还围绕太阳公转，公转 1 周约需 1 年，公转时速为 110000km/h。

载具的重量对比

大型邮轮	220000	※ 单位 t
高速列车（16 节车厢）	700	
大型喷气客机	540	
地铁（10 节车厢）	250	
汽车	1.5	
摩托车	0.2	
自行车	0.02	

大型邮轮

陆地上的载具装有车轮，只有与地面接触的轮胎部分承重，而船则是整个船底都要承重，所以重量会被分散，而且水有浮力，会与重力达成平衡，感觉不到重量。因此，有些邮轮的重量高达 500000t 以上。不过，体型过大的轮船不仅难以制造，而且无法通过狭窄的海峡，也不能突然转向或停止。美国的大型邮轮“海洋绿洲”号重达 220000t，长达 360m。

重量对比

重量即“物体所受的重力的大小”。1kg 重量的 1000 倍是 1t。重型载具的代表是大型轮船，可达 200000t 以上。相反，轻型载具的代表是自行车，只有 0.02t（20kg）。

关于“重力”，请参照第 24 ~ 27 页。关于“作用在船上的浮力”，请参照第 76 页。

大型喷气客机

空载时重约 280t，搭载人和货物时重约 540t。飞机在飞行时，机翼产生的向上的升力与向下的重力大小相等，达成平衡，所以飞机能飞在空中。每次见到沉重的飞机飞在天上，都觉得很不可思议，真是太神奇了。

关于大型飞机的飞行原理，请参照第 64 页。

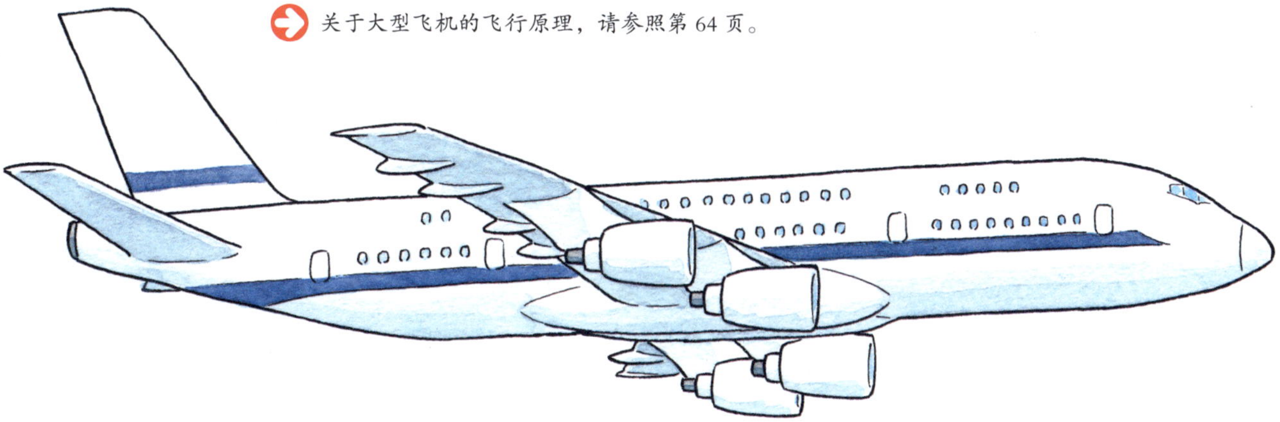

陆地上的载具

行驶在陆地上的载具均装有车轮。

车轮有两个作用，一是用很小的力就能移动车身（减小摩擦力），二是支撑车身重量。不过，每个车轮所能承受的重量并不是很大，所以不可能像轮船那样重型。

高速列车和地铁是行驶在铁轨上的，卡车和家用轿车是行驶在道路上的。如果列车也在道路上行驶，由于车身重量全部由又硬又细的车轮承担，所以会超出道路的承受能力。

比起只能在铁轨上行驶的列车、只能在有水的地方行驶的船，在道路上行驶的汽车要自由得多，想去哪里就能去哪里。更轻便的自行车更自由，能轻松通过汽车无法进入的狭窄通道。由于自行车是由人力驱动的，所以越轻越好。

除了自行车外，载具都装有发动机。要想驱动又大又重的载具，需要使用输出力足够大的发动机。

关于发动机的结构和工作原理，请参照第 112 ～ 121 页。

动力大小的对比

依靠电力驱动的载具需要搭载电机，使用燃料的载具需要搭载汽油发动机或柴油发动机。下面就来做个对比，看看不同载具搭载的发动机在单位时间内所做的功的大小，也就是“动力”。

大型轮船的柴油发动机	60000	※ 单位 kW
新干线（16 节车厢）	18000	
电力机车	6000	
中型轮船的柴油发动机	440 ~ 5700	
特殊的高速汽车	736	
普通的城市家用轿车	100 ~ 300	
小型家用轿车	70 ~ 90	
大型摩托车	75	
小型电动车	4	
自行车	0.2	

动力对比

“动力”与“力”其实是有些区别的，很容易混淆。动力是用来表示持续施加的力每秒所做功大小的物理量，单位是 W，1000 倍就是 kW。物体在 1N 作用下移动 1m，用时 1s，动力即为 1W，动力又称“功率”。在电力领域内，动力称为“电功率”。以前在用马牵引的时代，单位用的是“马力”，符号为 hp（是 horsepowe 的缩写），1000hp=736kW。翻阅汽车或电器的商品目录，就能见到带有 kW 的数字。

* 注：中国的空调使用的功率单位“匹”，指匹马力，即马力。

轮船搭载有发动机，利用发动机产生的力来驱动。即使搭载了又重又大的发动机，水的浮力也能托起，完全不用担心。所以轮船的动力往往很强大，能够运载大量的货物和人。

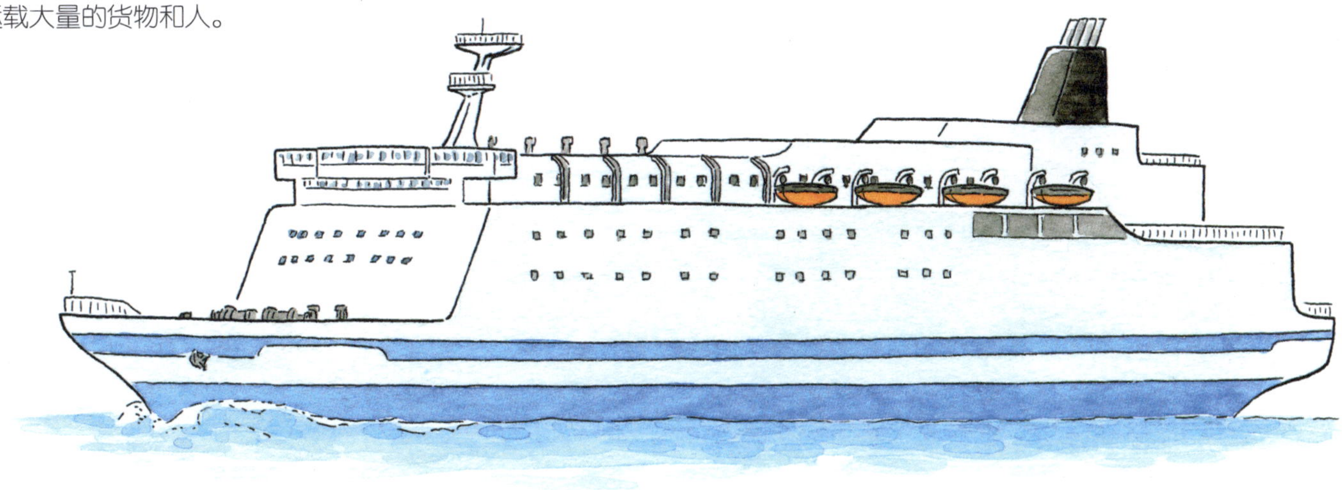

普通的家用轿车使用汽油发动机驱动，卡车等汽车多使用柴油发动机驱动。这些载具的动力由其搭载的发动机或电机决定。

飞机比较的不是动力，而是向前的“推力”。

大型喷气客机 30000kg × 4（ = 1180kN）

初期（50 年前）的喷气客机 8600kg × 4（ = 337kN）

注：kN 中文为千牛

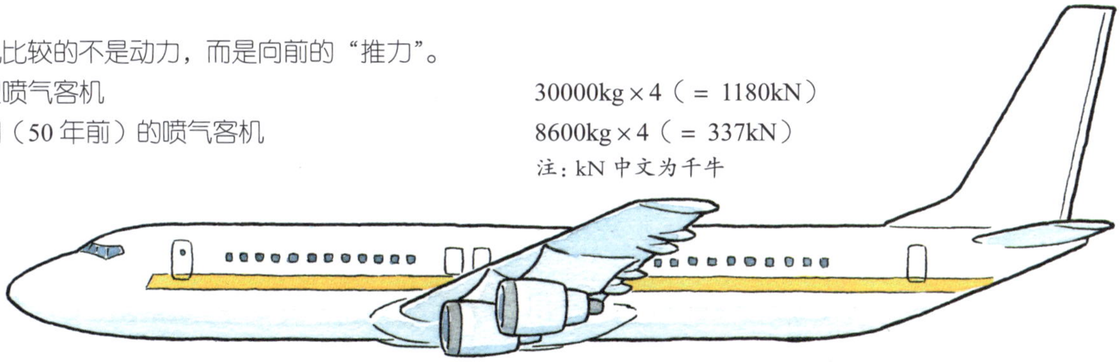

这里是用质量的单位 kg 来表示力的大小。飞机搭载了 4 个这样的喷气发动机。如果将力的单位用“N”表示，速度为每秒前进 300m，那么大型喷气客机的动力就是 354000W。

汽车的发动机或电机的功率值如左页表格所示，是固定的，所以载具的速度提高，力就会变小。可是，喷气客机如果速度提高，吸入的空气就会增多，推力并不会变小。也就是说，喷气客机的速度越快，功率就越大，因此通常不用功率这一变量来表示，而是用基本不变的推力来表示。

可能有人以为，匀速飞行的喷气客机遵循“惯性定律”，喷气发动机并没有施加力，但实际上，在高速飞行时，飞机受到的空气阻力也非常大，所以发动机需要持续产生推力，以抵抗空气阻力。

关于“重力”，请参照第 24 页。关于发动机的结构和工作原理，请参照第 112 ~ 121 页。

关于力和运动——写给成年人的话

“力”这个字除了物理意义之外，在很多场合都很常用。那么，物理意义上所说的“力”究竟是什么呢？也许我们自己觉得模模糊糊地理解了，但如果有小孩子问“力是什么？”我们这些大人是否真能给出准确的解释呢？

“力”是看不见摸不着的抽象概念，却又是现实中物体移动时的最基本的概念。从科学角度正确地理解“力”是很重要的，毫不夸张地说，“力”是构成现代文明的基础。

“力”虽然看不见摸不着，但我们能够真切地感受到它的存在。本书为了引起孩子们对“力”的好奇心，培养他们思考、探索的心态。全书采取了浅显易懂的说明方式，而且几乎没有采用面向成年人的公式等内容。

同时，我们还希望成年人也能阅读本书，与孩子们一同分享关于“力”的各种感动和体验。因此，本书专门在介绍力和运动的核心部分时，添加了若干面向成年人的简单公式。虽说许多成年人看见公式也很陌生，但也有很多人并不满足于单纯的语言描述，看到公式将更能加深理解。

力学的诞生

“力学”揭示了物体受到力的作用而运动的事实，这门学问诞生于17世纪后半叶。具体来说，其出发点是艾萨克•牛顿的“运动三定律”和“万有引力定律”。可以说，正是牛顿（1643—1727年）奠定了“力学”的基础。

力的科学考察是从调查各种“运动”开始的，经过逐年发展，才诞生了现代的科学技术。

当然，力学并不是由牛顿独自创立的，有位学者就对牛顿的考察产生了重要影响，这个人就是最早对物体的运动进行实验和思考的意大利人伽利略•伽利雷（1564—1642年）。

伽利略在比萨城的教会参加弥撒时，一边观察悬挂在天花板上摆动的吊灯，一边根据自己的脉搏测出吊灯摆动的周期。接着他又发现，吊灯的摆动幅度减小后，周期却没有变化。回到家后，他又进行了更精确的实验，最终验证了这一点。具体介绍请参照“探索物体运动奥秘的伽利略”（第28页）。

伽利略通过改变摆绳的长度和重物的重量，对摆的运动进行了实验和观察，发现了恒定不变的规律性。观测物体的运动，从中发现运动的规律性——最早采用这种科学研究方法的人正是伽利略。

此外，他还从比萨斜塔上让两个球自由下落，实验结果证明，较重的大球和较轻的小球是同时落地的。这个著名的故事也许是后人杜撰的，但它和吊灯的故事一样，都是我们孩提时代耳熟能详的故事。

伽利略试图尽可能精密地测量球的下落速度，但球的下落速度太快，无法准确测量，所以他就制作了一个有沟的斜面，使金属球沿着沟滚落，每隔同样的时间，观测球的滚落距离。他发现，假设第一秒是1m，第二秒就是3m，第三秒是5m，第四秒是7m……即每秒的移动距离逐渐增大（在该例中，速度是以 2m/s 的趋势递增）。也就是说，球是以 2m/s 的速度“加速”的。这是最早证明匀加速运动（加速度不变的加速运动）的实验，是运动科学发展道路上的重要一步。

斜面的坡度越陡，球每秒的移动距离就越大，但无论是重球还是轻球，都会做同样的匀加速运动。伽利略认为，这种规律性也必然存在于垂直自由落体运动中。

他在书中还写下了下面这两段文字。

“当大船在平静的海面上匀速航行时，从高高的桅杆上让球自由下落，那么从船上看，球是垂直落在正下方的，但是从岸上看，由于船在快速前行，所以球看起来就像是被横向扔出去的。”

“把鱼放入船上的水槽中，则鱼的状态与在陆地上的水槽里是一样的。鱼感觉不到船的运动。同样，地球是在自转的，但在我们的感觉中，大地却是静止的。”

相关内容请参照“乘坐载具的通常感受”（第 94 页）。

伽利略还制造出望远镜，观测到了月球上的环形山，还发现了围绕木星旋转的卫星。在他之前，从没有人通过望远镜观察过天空，没有人了解太阳、行星等天空上的另一个世界。

从伽利略通过望远镜开始观测星体至今，已经过了四百余年。

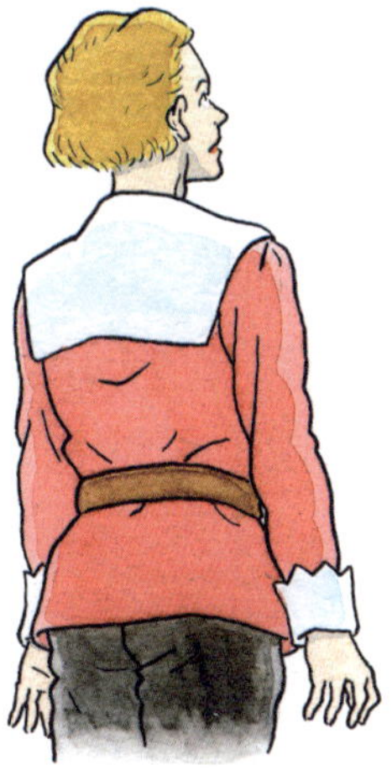

约翰内斯 • 开普勒（1571—1630 年）是与伽利略同时代的德国天文学家，他曾担任丹麦天文学家第谷 • 布拉赫（1546—1601 年）的助手，从布拉赫那里继承了海量的观测数据，在此基础上详细地调查了行星的运行情况，最终发现了三大定律，即：一、所有行星都沿各自的椭圆轨道围绕太阳运行，太阳处在椭圆的一个焦点上；二、行星的运行速度在近日轨道变快，在远日轨道变慢；三、行星公转周期的二次方与距离太阳的平均距离的三次方成正比。这三大定律揭示了行星围绕太阳运行的状态。

在伽利略逝世后不久，牛顿出生了。他在 18 岁时进入剑桥大学的三一学院，学习数学、伽利略的运动学、开普勒发现的行星运行定律等知识。1665 年于三一学院毕业后，牛顿为了避开在英国城镇蔓延的鼠疫，于是就住在母亲的农场里。据说，他有一天看见苹果从苹果树上掉落，由此开始思考苹果所受的“力”。

牛顿在母亲的农场里住了18个月，在此期间，他在数学和物理学方面得到了一生当中最多的构想。正因为有了这段针对“力”的宝贵的思考时间，他才能以苹果掉落为契机，进一步发展自己的理论。

牛顿在数学研究方面同样造诣颇深，鼠疫解除后，他重新返回剑桥大学任数学教授。在此期间，他致力研究通过位置变化表示速度和加速度的微分，以及通过速度推导移动距离的积分，成功地实现了用公式来表示运动。

牛顿进一步发展了自己在母亲农场时的构想，在42岁时开始将以前的研究记录下来，最终完成了《自然哲学的数学原理》一书。

在“牛顿与力”（第26页）那一章节有幅图，是在高山上用大炮向水平方向发射炮弹，炮弹环绕地球一周。牛顿认为，月球之所以围绕地球旋转，其原理与炮弹是一样的。

物体沿圆形轨道匀速公转时，其前进方向并不是笔直的，而是不停向内倾斜的。也就是说，速度的大小不变，但方向是时刻朝向圆形轨道中心变化的。

牛顿认为，物体的质量与速度变化的乘积就是“力”。以地球为例，这个力是不停朝向地球中心倾斜的。这就是地球的引力，即重力。

到了今天，人工卫星的周期与高度之间的关系已经能够轻易计算得出，例如发射的炮弹环绕地球一周所需时间为84min，但依据的仍是同一方法。大家不妨试着计算一下。

假设人工卫星在距离地面100km的高度围绕地球旋转，则旋转一周所需时间为86min；如果高度是1000km，则所需时间为105min；如果高度是35786km，则所需时间为1436min，大概相当于1天（1440min）。

35786km是静止卫星的飞行高度，国际空间站的飞行高度是400km，这个距离只比地球半径多了6%。

根据同一方法，可以计算出月球围绕地球旋转的周期约为28天。牛顿将这一方法应用于围绕太阳旋转的行星的运动，完美地阐释了“开普勒三定律”。

根据牛顿的运动方程式，只要有质量的物体所受的力已知，就能求出加速度，再代入出发时的初速度和位置进行计算，就能求出物体以后的运动状态。

牛顿的方法被灵活应用于汽车、电车、轮船、飞机、宇宙火箭等载具设计，以及供水、供气系统等所有方面，还在体育运动中被用来揭示“力”与身体及体育器材的运动之间的关系。

由此可见，“力学”是理解自然的基本手段。

“力学”中的重要概念

力学是通过物体的运动来研究“力”的科学，其出发点是运动的基本定律，即牛顿的“运动三定律”和“万有引力定律”。

运动三定律

牛顿总结出与“力”有关的三条运动定律，第一定律是“惯性定律”，第二定律是“运动定律”，第三定律是“作用力与反作用力定律”（本书第 1 章的前 3 节依次介绍了第二定律、第一定律和第三定律）。

第一定律“**惯性定律**（第 16 页）”的内容是，任何物体都保持匀速直线运动或静止状态，直到外力迫使它改变运动状态为止。

第二定律“**运动定律**（第 14 页）”是计算物体运动状态时需要用到的重要定律。用公式表示为：

力 = 质量 × 加速度

该公式称为“运动方程式”。高中教材里经常用 F 表示力，m 表示质量，a 表示加速度，则：

$F=ma$

该公式说明，物体受到外力作用后，会做加速运动，而不是匀速运动。物体的加速度与物体所受的力成正比，与物体的质量成反比。

当速度在极短的时间内发生变化时，就会产生加速度，使物体加速或减速。速度的变化量与所用时间的比值就是加速度 a。

下面，我们通过运动方程式来研究伽利略著名的自由落体实验。

在伽利略的实验中，重球和轻球是同时下落的。将牛顿的运动方程式 $F=ma$ 应用于该自由落体运动，用（重）、（轻）标记加以区分，则两个运动方程式分别为 F（重）$=m$（重）$\times a$（重）和 F（轻）$=m$（轻）$\times a$（轻）。对比牛顿的方程式与重量的方程式——重量 = 质量 $m\times$ 常量，由于 a= 常量，如果把 a 换成重力加速度 g，则变成 F（重）$=m$（重）$\times g$ 和 F（轻）$=m$（轻）$\times g$。由此可见，牛顿的方程式明确地揭示了伽利略实验的意义。

运动方程式是在发生某种运动现象时，用来研究物体受到怎样的作用力。例如投球时，球直到被投出的瞬间，始终受到力的作用，但在飞行过程中，球只受重力的作用。如果忽略空气阻力，此时适用于运动方程式的力就只有重力 mg。

力是由大小和方向决定的，所以运动方程式可分为水平方向和垂直方向两个公式。

重力的方向是向下的，所以在垂直方向的运动方程式中，球受到力的作用，而在水平方向的运动方程式中，球不受力的作用，只做匀速运动。计算时就像这样先分别计算，最后再汇总。

只要投球的位置、速度、时间等初始条件已知，就可以通过方程式求出球的飞行状态和飞行距离。

第三定律“**作用力与反作用力定律**（第 18 页）”的内容是，当一个物体推另一个物体时，被推的物体会以大小相等、方向相反的力反推对方。这条定律适用于两个以上的物体。

万有引力定律

万有引力定律的内容是，所有物体之间均存在引力的作用，引力的大小与两个物体的质量的乘积成正比，与物体间距离的二次方成反比（这种作用在物体之间的引力称为“万有引力”）。

用公式表示为：

万有引力 = 万有引力常量 × 物体 1 的质量 × 物体 2 的质量 /（两个物体间距离）^{2}

“万有引力常量”是在计算万有引力大小时使用的一个常量（常量是指值恒定的物理量。例如，光在真空中的传播速度约为 300000km/s，无论在地球上还是在宇宙里，这个值都是不变的），它的值极小，只有 6.67259×10^{-11}（$N{\cdot}m^2/kg^2$）。就算两个人靠得很近，也无法感知到作用在其间的引力。

假设“物体 1”是地球，“物体 2”是你，套用公式，你与地球之间的万有引力就是“（万有引力常量 × 地球的质量 / 地球半径的二次方）× 你的质量”。括号里的部分通过计算可知约为 9.8（m/s^2），与“重力加速度 g”的数值相等。因此，你所受的来自地球的万有引力就是“g× 你的质量（你的体重）”。力的单位使用 N，即为 $9.8\times50\approx500$N。

1N 约相当于 100g（也就是 0.1kg）的物体所受的重力。准确地说，使质量 1kg 的物体获得 $1m/s^2$ 的加速度所用的力就是 1N。地球赤道附近与地球中心的距离较远，g 更小，所以物体的质量虽然不变，但体重会略微变轻一些。

关于阻碍运动的“阻力”

研究实际发生在地表的运动时，需要考虑各种“阻力”因素，例如空气或水的阻力、物体表面之间的“摩擦力”等。这样就使物体的运动变得复杂起来，不能简单地使用运动方程式求解，很多时候甚至无法计算出实际数值。因此，物理学往往采用近似计算，即根据需要求出实际值的近似值。

例如，扔纸团的时候，力的计算就很复杂，但如果用球代替纸团，就可以简化复杂的阻力计算，从而得到实际值的近似值。

在实际计算时，还可以进一步忽略，将球视为有质量的“点（质点）”，也就是假想成没有大小的物体。既然没有大小，就不需要考虑空气阻力，计算式也就变简单了。质点的力学是研究物体运动的第一步。

如果不忽略球所受的阻碍运动的空气阻力，将其代入运动方程式，还能求出更接近实际值的数值。

冲击——瞬间作用力

棒球投手投球时，飞出的球具有“动量（由质量×速度定义的物理量）”。球的运动状态也可以用“势头”一词来表述，但这种表述过于简单模糊，所以本书采用“动量”这一术语。

运动的球与捕手的手套撞击时，在极短的时间内受到反向作用力，势头急剧变化，即“动量”急剧变化，在球速减为零的同时，动量也减为零。

用球棒击打棒球时，球的动量会发生方向上的变化。

物体相撞时，动量会在极短的时间内发生变化，引起变化的力只在这一极短的时间内作用于物体。这个力的大小恒定，用公式表示为：

动量变化 = 力 × 力的作用时间

公式右边的部分合称“冲量”，即“动量变化 = 冲量”。

运动方程式 $F=m\times a$ 如果换用冲量表示，用 v 表示速度，t 表示时间，也就是力作用的极短时间，则加速度 a 为 v/t，故有：

$$F\times t=m\times v$$

即

$$F=m\times v/t$$

因此也可以说，力是动量的时间性变化。

那么，根据“作用力与反作用力定律”，两个物体相撞前后所受的力是会发生变化的。在冲击的瞬间，两个物体所受的作用力遵循“作用力与反作用力定律”，大小相等，方向相反。就整体而言，冲量与动量的变化均为零，动量守恒。

发热的力与能量

用水壶烧水时，水沸腾后产生蒸汽，能够顶起水壶盖或吹响鸣笛。用压力锅烧水时，锅内温度可达 120℃，压强能够升至 1.9 个大气压。蒸汽机车的蒸汽温度高达 200℃，压强高达 15 个大气压。由此可见，蒸汽的力量是非常大的。

其他载具的动力大多来自汽油、燃气等燃料的燃烧。自蒸汽机之后，人类发明了各种各样的发动机（主要是内燃机），利用热产生巨大的力，获得大量能量。此外还有离子发动机，对离子化的气体进行静电加速，喷出离子气体，从而获得推力。离子发动机与其他发动机不同，并不燃烧燃料，而是通过长期持续输出极小的力，从而在没有空气阻力的宇宙空间实现长期飞行，是火箭发动机的一种。

本书介绍了这些与力关系密切的能量。如何获得生活中不可或缺的能量？怎样在节约的前提下灵活利用这些能量？这是人类今后仍须不断努力的重要课题。

电力和磁力

除了万有引力之外，还有电力、磁力等。本书介绍了小孩子比较熟悉的“静电”（第 124 页）和“磁铁”（第 126 页）。电力和磁力属于电磁学范畴，并不是力学内容，但与“力”存在密切的关系，所以也作简略介绍。

两千年前的人类就已发现，磁铁具有不可思议的魔力，能够吸引铁。12 世纪，磁铁已被中国人用于航海，到了 16 世纪，磁铁指南的特性更是广为人知。

在牛顿活跃的时代，静电已经引起很多人的注意，涌现出大批研究学者。他们的研究表明，电荷分为正电荷和负电荷两种，同类电荷（同为正电荷或同为负电荷）互相排斥，不同电荷（正电荷与负电荷）互相吸引，还有金属可以导电。此外，人们还发明了储存静电的莱顿瓶、检验电荷运动的箔片验电器工具。

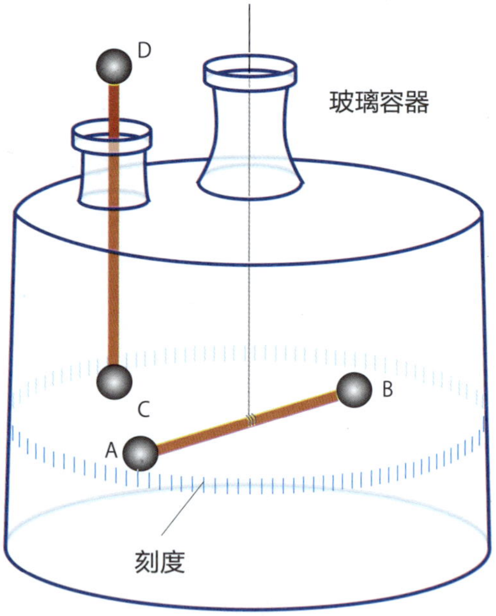

法国的夏尔·奥古斯丁·德·库仑（1736—1806 年）通过实验测量了电荷之间的作用力。

轻绝缘棒两端各有一个带静电的球（A 和 B），用细绳系住棒的中部，使棒水平悬吊，并在外侧准备一个能够固定的球（C），不与绝缘棒上的球接触。使 A 球和 C 球带上静电，将 A 球靠近 C 球，悬挂的 A 球可能被吸引而靠近，也可能被排斥而远离。库仑通过悬吊 A 球和 B 球的细绳的扭曲测量“力”，发现电荷之间的作用力与 A 球和 C 球的电荷量成正比，与距离的二次方成反比。这个“力”与牛顿发现的万有引力非常相似，但实际上是一种完全不同的强作用力。

人类发明出两种金属叠在一起的电池后，电荷就能通过导线流动，从而产生了电流。

德国的乔治·西蒙·欧姆（1787—1854 年）通过实验发现了“欧姆定律”，即电流与电阻两端的电压成正比。该定律揭示了电流会产生磁场、穿过磁场中的电流会受到力的作用等一系列关系，促成了电机的问世。

1831 年，英国的迈克尔·法拉第（1791—1867 年）发现了“电磁感应”现象，即用磁铁靠近或远离线圈时，线圈中会产生电流。发电机的发明就是基于该原理的应用。

说到这里，大家觉得磁力究竟是什么呢？

电流会产生磁场，形成电磁铁。电流就是带电荷的粒子流，而磁力，就是电荷流动而产生的力。

因此，电力就有两种，一种是电荷静止时库仑定律所证明的力，另一种是电荷流动所产生的力。

用显微镜观察磁铁就会发现，在组成磁铁的物质中排列着很多微型电磁铁，力就是由这一个个极小的电磁铁产生的。换句话说，磁力与电力并非完全不同，可以认为是相同电磁现象的不同表现形式。

在学校里学习的力和运动

孩子们在学校里是怎样学习力和运动的呢?

理科学习指导纲要的目标是“亲近自然”和“带有展望性地进行观察、实验等活动”，从而培养“解决问题的能力”和“热爱自然的心情”,进而形成“伴随对自然事物和现象的实际感受的理解”和“科学的看法和观点”。

最初通过风、橡胶等使物体运动，令学生在学习力时能有亲身体验。关于磁铁，也通过实验区分能被磁铁吸引的物体和不能被吸引的物体，从而使学生了解磁铁是什么，并养成对磁铁性质的思考能力。后来，还对摆的运动进行实验，发现其中的规律性，并在杠杆的规则性中引入公式等数学元素，培养学生针对各种自然定律的思考能力。

结语

对于孩子来说，“力”是很有难度的一个课题，如何展开这个课题，我们议论了很多次。最终决定，本书从人的力开始，一直讲到新技术产生的力。

我们参阅了大量资料，尤其是最近的火箭、离子发动机等宇宙航空研究开发机构的各种资料。

大井喜久夫负责执笔第 2、3、7 章，大井操负责第 1 章，三轮广明负责第 4、6 章，松浦博和负责第 5 章。然后经过讨论，反复修改调整，最后由大井喜久夫和大井操归纳成书。

大井喜久夫、大井操

索引

作者

大井喜久夫

早稻田大学名誉教授。专攻凝聚态物理学。理学博士。

1933 年生于日本长野县。1958 年修完东京教育大学研究生院硕士课程。曾就职于御茶水女子大学，后历任早稻田大学理工学院教授、研究生院理工学研究科委员长等职务。现任早稻田大学理工学院综合研究所产学合作交流会下一代界面研究会代表。译有《玻璃的物理》，另有多部合著作品。

大井操

东京学艺大学名誉教授。专攻光学、激光、物理教育。理学博士。

1936 年生于日本秋田县。1959 年毕业于御茶水女子大学理学院物理系。曾就职于通商产业省计量研究所（现产业技术综合研究所），后历任东京学艺大学教授、研究生院联合学校教育学研究科科长。著有《单位一览》，编著有《光学元件基础及应用方法》，与田幸敏治合著《激光入门》，另有多部合著作品。

三轮广明

1965 年生于日本东京都。1984 年考入东京学艺大学。就学期间，于大井操研究室进行准分子激光（XeCl）吸收谱线的相关研究。1988 年 3 月，于东京学艺大学初等教育教员养成课程理科选修毕业。自同年 4 月起，就职于东京私立圣德学园小学，从事以理科和数学为中心的学科指导工作。

松浦博和

1965 年生于日本神奈川县。1985 年考入东京学艺大学。就学期间专攻理科教育学，以物理为中心，区分整理各单元中出现的概念，利用呈现相互关联的概念地图，改进教科书和授课中的提示方法及顺序，同时进行学生理解程度的相关研究。1989 年，于东京学艺大学初等教育教员养成课程理科选修毕业。自同年 4 月起，就职于东京私立圣德学园小学，从事以理科、数学、手工为中心的学科教育指导工作。

绘者

黑须高岭

日本知名插画家。作品有《话说东京历史》《横滨历史绘本》《恶魔的小丑》《两小时魔女》《出发吧！社会学科参观》系列等。

审校者

吴宝俊

2004 年毕业于中山大学物理系，2012 年毕业于中国科学院物理研究所理论物理专业，获理学博士学位，现就职于中国科学院大学。2014 年出版译作《物理探秘》，入选中科院 2014 年度十大优秀科普图书，科技部 2014 年度全国优秀科普作品，教育部 2015 年全国中小学图书馆（室）推荐书目，中国版协第十四届引进版优秀图书。

版权登记号：01-2014-8460

图书在版编目（CIP）数据

力学原来这么有趣：一本拿起就放不下的力学启蒙书 /（日）大井喜久夫等著；（日）黑须高岭绘；程亮译 .—北京：现代出版社，2016.5

ISBN 978-7-5143-4589-6

Ⅰ. ①力⋯ Ⅱ. ①大⋯ ②黑⋯ ③程⋯ Ⅲ. ①力学－青少年读物
Ⅳ. ① O3-49

中国版本图书馆 CIP 数据核字（2016）第 047464 号

力学原来这么有趣：一本拿起就放不下的力学启蒙书

作　者	[日] 大井喜久夫　大井操　三轮广明　松浦博和
绘　者	[日] 黑须高岭
译　者	程　亮
责任编辑	王　倩
出版发行	现代出版社
通讯地址	北京市安定门外安华里 504 号
邮政编码	100011
电　话	010-64267325　64245264（传真）
网　址	www.1980xd.com
电子邮箱	xiandai@vip.sina.com
印　刷	北京瑞禾彩色印刷有限公司
开　本	889mm × 1194mm　1/16
印　张	10.5
版　次	2016 年 5 月第 1 版　2020 年 8 月第 22 次印刷
书　号	ISBN 978-7-5143-4589-6
定　价	50.00 元
